조수환 지음

맨투맨사이언스

일반인을 위한 생활 속 전기공학 지침서

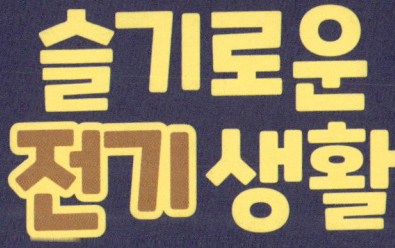

## 지은이의 말

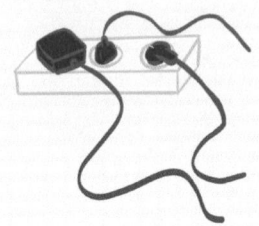

우선 저의 첫 교양서적이자 대중서인 '슬기로운 전기생활'에 큰 관심을 보여주신 독자 여러분께 감사의 뜻을 전하는 바입니다. 블로그로 소개된 글 하나하나마다 읽어주시고 의견 보내주신 많은 분들의 정성에 감사드리며, 책이 출판되는 날까지 고생해주신 맨투맨사이언스 이준민 이사님, 기획과 연재에 큰 도움 주신 고려대학교 김준곤 교수님께도 무한한 감사의 뜻을 전합니다. 그리고 가장 가까운 곳에서 항상 응원해주고 힘이 되어주는 우리 사랑하는 가족, 아내와 두 아들 은찬, 예찬이에게 사랑과 감사의 마음을 한껏 담아 전합니다.

맨 처음 블로그의 시리즈 연재를 기획하면서 우선적으로 주안점을 둔 것은 전기에 관심이 있는 일반인에게 전기공학의 전공 내용을 쉽게 전달하는 것이었습니다. 다른 에너지원에 비해 가깝고 익숙하지만 막상

아는 것은 별로 없는 전기에 대해서 너무 일반적이지는 않게 공학적 이론을 가미하여 일상생활에서 접할 수 있는 여러 전기현상들을 설명하고자 노력했습니다. 이를 통해 전기공학에 관심이 있는 중고등학생, 일반인 그리고 전기공학에 이제 막 첫발을 디딘 신입생, 전공자들에게 조금이나마 도움이 되었으면 합니다.

세상은 이미 많이 변했습니다. 단순히 암기한 지식만으로는 살아남기 힘듭니다. 졸업을 앞두고 취업을 준비하는 제자들과 얘기하다 보면 하나같이 '스토리'에 대한 강박을 느끼는 듯 보입니다. 과연 자기만의 '스토리'라는 건 무엇일까요? 남들과 다른 차별화된 자기만의 스토리? 생각하면 할수록 미궁에 빠질 수밖에 없습니다. 남들이 하는 대로 공부하고 외우고 시험보고 학점에 목숨을 걸고 소위 말하는 스펙만 추구하며 그렇게 20년 넘게 살다보니 남들과 다른 자신만의 이야기를 찾아내는 게 쉬울 리가 없습니다. 하지만 남들과 다른 생각과 행동은 그리 어렵지 않습니다.

그 시작은 바로 문제의 인식입니다. 익숙한 전기이지만 내가 전기에 대해 알고 있는 것은 무엇인가? 라는 솔직한 의구심에서 시작됩니다. 그 다음은 관찰을 통한 문제의 구체화입니다. 우리 주위에는 관찰할만한, 궁금증을 자아낼만한 것들이 아주 많이 있습니다. 단지 그걸 인지하지 못할 뿐입니다. 우리가 매일 사용하는 여러 전자제품, 콘센트와 플러그,

스위치, 아파트 관리비 영수증 등 우리 주위에 있는 누구나 관찰할 수 있는 모든 것에 그 정답이 있습니다. 조금만 자세히 들여다 보십시오. 그리고 스스로 궁금증을 자극하기 바랍니다. 그 다음 단계는 그 속에 숨겨진 의미를 찾아내는 것입니다. 그 원리를 이해하기 위해서는 약간의 지식이 필요하겠지요? 그 지식을 얻기 위해 노력하는 것을 귀찮아하지 말아야 합니다. 마지막으로는 이해한 바대로 논리에 입각한 행동하는 실천이 필요합니다. 전기를 아끼기 위한 다양한 노력, 그 노력의 결과를 분석하고 이전과 이후를 비교한다면 전기공학에 대한 나만의 스토리가 완성되지 않을까요?

    문제 인식과 관찰력을 통해 촉발된 호기심은 여러 논리적 사고의 동기가 되고, 동기부여는 다시 행동으로 발현되어 기존과는 다른 결과를 얻을 수 있는 가능성으로 이어집니다. 이 책이 그 작은 이야기의 출발점이 되길 희망합니다.

상명대학교 전기공학과 교수 **조 수 환**

# CONTENTS

지은이의 말      006

### 제 1 화      016
전기의 발생
너무나도 친숙해서 더욱 어려운 전기

### 제 2 화      024
고통을 부르는 정전기

### 제 3 화      034
여름 장마철의 불청객, 낙뢰

### 제 4 화      044
전기는 흐른다? 물처럼?

### 제 5 화      052
"전기가 잘 통한다."라는 말의 의미

### 제 6 화      062
전선 위의 참새는 왜??

### 제 7 화      074
직류(DC)와 교류(AC) 그 첫 번째 이야기

······················································ 목차

### 제 8 화　　　　　　　　　　　　　　　　　　　084
직류(DC)와 교류(AC) 그 두 번째 이야기

### 제 9 화　　　　　　　　　　　　　　　　　　　094
직류(DC)와 교류(AC) 그 세 번째 이야기

### 제 10 화　　　　　　　　　　　　　　　　　　 104
Power vs. Energy (1) –
전력의 소비와 공급

### 제 11 화　　　　　　　　　　　　　　　　　　 114
Power vs. Energy (2) –
우리 방에서 사용하는 전기제품의 소비전력

### 제 12 화　　　　　　　　　　　　　　　　　　 122
Power vs. Energy (3) –
우리 집에서의 소비전력

### 제 13 화　　　　　　　　　　　　　　　　　　 132
우리 집의 한 달 전기요금은 얼마? (1) –
현행 요금 제도(누진제)에 대해

### 제 14 화　　　　　　　　　　　　　　　　　　 142
우리 집의 한 달 전기요금은 얼마? (2) –
아파트의 단일계약과 종합계약

# CONTENTS

**제 15 화**    162
주택용 계시별 선택요금제

**제 16 화**    172
전기요금 줄이기 프로젝트 (1) –
LED등 교체 효과

**제 17 화**    184
전기요금 줄이기 프로젝트 (2) –
에너지 고효율 제품과 대기전력 저감

**제 18 화**    198
전기요금 줄이기 프로젝트 (3) –
주택용 소형 태양광과 에너지 프로슈머

**제 19 화**    208
스마트그리드(Smart Grid)에서
에너지 프로슈머(Prosumer)를 위한 거래의 개념

**제 20 화**    220
안전한 전기생활 (1) –
합선, 누전 그리고 감전

**제 21 화**    232
안전한 전기생활 (2) –
두꺼비없는 두꺼비집? 우리 집 두꺼비집 열어보기

............................................................................... **목차**

### 제 22 화　　　　　　　　　　　　　　　　　　　　**244**
우리 집에서 사용하는 전기는 어디서 오는 걸까?

### 제 23 화　　　　　　　　　　　　　　　　　　　　**258**
실시간 전력수급 현황 확인하기

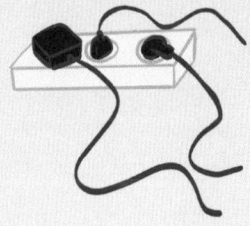

# 슬기로운 전기생활

일반인을 위한 생활 속 전기공학 지침서
# 슬기로운 전기생활

## 제 1 화
## 전기의 발생

너무나도 친숙해서
더욱 어려운 전기

# 제 1 화
# 전기의 발생

## 너무나도 친숙해서
## 더욱 어려운 전기

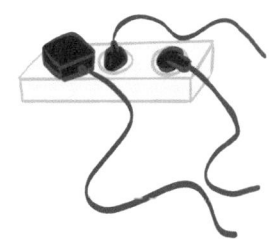

우리는 생활 속에서 '전기를 아끼자!'라든지 '전기가 끊겼다.', '전기가 흐른다.' 등의 표현들을 쉽게 접하고 사용하고 있습니다. 전기라는 게 대체 무엇이길래 눈에도 보이지 않는 전기를 어떻게 아낄 수 있을까? 정말 전기가 물과 같이 움직이고 흐르는 것인가?

앞으로 전개될 전기 이야기를 잘 이해하려면 우선 전기의 실체와 성질을 이해해야 합니다. 조금은(?) 지루하게 느껴지더라도 참는 자에게 복이 있으리니…

그럼 다음의 첫 번째 질문으로 이번 여정을 시작해보겠습니다.

"전기란 과연 무엇인가?"
"우린 무엇을 전기라고 말하는가?"

이와 관련해서, 전기는 에너지인가? 아니면 눈에 보이지는 않지만 흐르는(눈에 보이지 않아 흐르는 것을 확인할 방법은 없지만 흐르는 것으로 생각할 수 있는) 무엇인가?

전기(電氣, electricity)란 물질 안에 있는 전자 혹은 자유전자의 움직임에 의해 생기는 에너지의 한 형태를 의미합니다. 여기에서 말하는 물질이라 함은 전기가 흐를 수 있는 물질 즉, 도체(conductor)를 말합니다. 결과적으로 전기는 에너지의 한 종류로서, 후에 소개될 '전하(electric charge)'에 의해 생기는 현상들을 모두 포함하는 포괄적인 개념입니다.

지구에 존재하는 모든 물질은 원자(atom)라고 하는 기본 입자로 이루어져 있습니다. 현대 물리학의 관점에서 보면, 원자는 원자핵(atomic nucleus)과 전자(electron)로 구성되고, 원자핵은 다시 중성자(neutron)와 양성자(proton)로 구성됩니다. [그림 1-1]

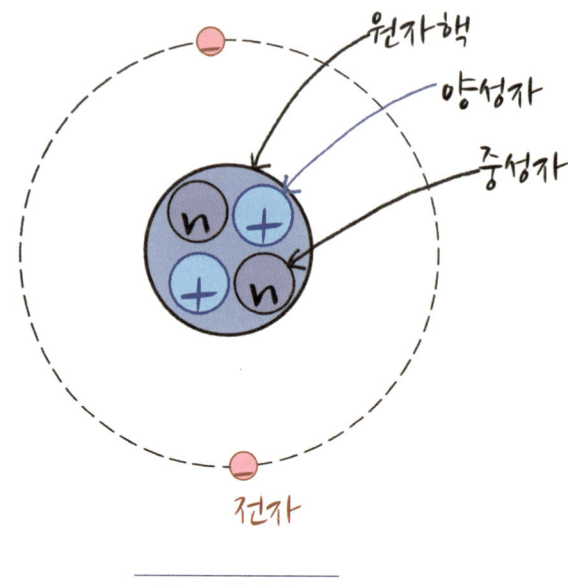

그림 1-1. 원자의 구조

　중성자는 전기적으로 극성이 없고(이를 중성이라고 함), 양성자는 양(+) 극성을 띄므로 중성자와 양성자를 합한 원자핵은 양(+) 극성을 띄게 됩니다. 이에 반해 전자는 음(-) 극성을 띄고 있으며, 원자 안에는 같은 수의 양성자와 전자가 존재하기 때문에 원자는 전기적으로 중성의 성질을 가지게 됩니다.

　이 때, 외부로부터 에너지를 받으면 원자에서 전자가 떨어져나오게 되는데 이러한 현상을 전리 혹은 이온화(ionization)라고 부릅니다. 이렇게 전자를 잃어버린 원자는 전기적으로 양(+)극이 되고, 떨어져 나온

전자는 전기적으로 음(-)극이 됩니다. [그림 1-2]

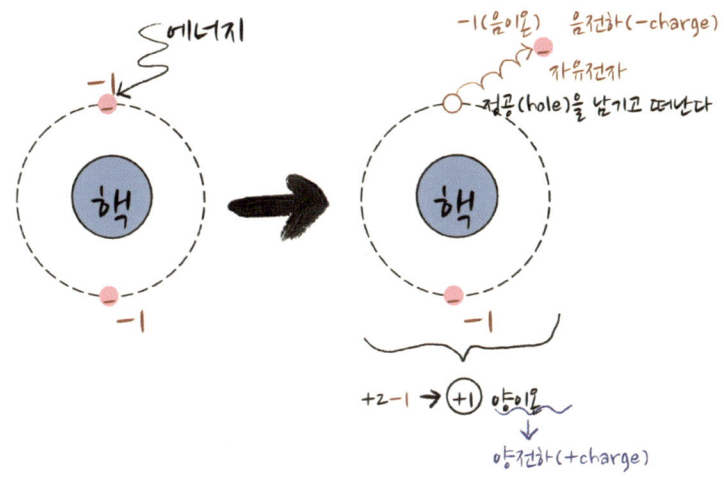

그림 1-2. 원자의 이온화 과정(전리, ionization)

여기에서 원자의 구속력으로부터 자유로워진 전자를 '자유전자(free electron)'라 하고, 전기적으로는 음전하(negative charge)라고 부르며, 전자를 잃음으로써 남게 되는 공간(실제로는 공간이 존재하지는 않지만 우리는 개념적으로 공간이 남는 걸로 이해한다.)을 정공(hole)이라 하고, 전기적으로는 양전하(positive charge)라고 부릅니다. 자유전자(음전하)는 음(-) 극성을, 정공(양전하)은 양(+) 극성을 띠게 된다는 사실을 이제 이해할 수 있겠지요?

앞서 언급한 바와 같이 전기라고 일컫는 모든 현상은 바로 자유전자

(음전하)의 이동에 의해 생기는 것입니다. 이와 관련해서 자유전자의 이동이 쉬운 물체를 도체(conductor)라 하고, 그렇지 않고 자유전자의 이동이 불가능한 물체를 부도체 혹은 절연체(insulator)라고 부릅니다. 그럼 자유전자의 이동이 가능하긴 하지만 힘든 물체는 무엇이라고 부를까요? 저항이 큰 도체라고 합니다. 여기에서 저항의 개념이 나오게 됩니다. 자유전자의 이동이 쉬운지 어려운지를 판단하는 물리적인 단위가 바로 저항(ohm, Ω)인 거죠.

결과적으로 말해, 우리가 말하는 전기는 바로!! **도체 내에서 움직이는 음전하에 의한 현상**으로 이해할 수 있습니다.

일반인을 위한 생활 속 전기공학 지침서
# 슬기로운 전기생활

## 제 2 화
## 고통을 부르는 정전기

# 제 2 화
# 고통을 부르는 정전기

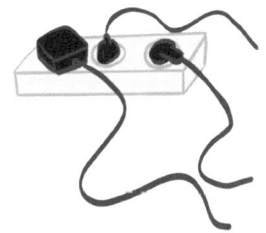

앞에서 우리는 자유전자(음전하)와 정공(양전하)에 대해 알아보았습니다. 우리가 말하는 전기 현상이라 함은 바로 음전하, 즉, 자유전자의 이동에 관련된 것입니다.

이와 관련해서 우리 일상 중에 많이 경험하는 현상인 정전기에 대해 알아보겠습니다. 아마도 우리의 일상생활 속에서 가장 많이 접하는 전기현상 중 하나가 바로 정전기 아닐까요? 실내에 들어와 겨울철 니트를 벗을 때, 반가운 지인을 만나 악수를 할 때, 문을 열기 위해 문고리를 만질 때 등등 주로 여름철보다는 겨울철에 극강의 고통을 선사하는 정전기, 과연 어떤 놈이길래 이리도 고통스러운 건지…

정전기에 대해 이해하기 위해서는 먼저 대전(electrification)이라는 현상을 이해해야 합니다. 대전(帶電)이라는 용어적 의미는 전기를 띠게 됨을 말합니다. 다시 말해서, 전기적 중성(양성자와 전자의 수가 같은 경우)인 원자로 이루어진 물체가 외부로부터 전자를 얻게 되면 전자가 양성자보다 많아져서 전기적으로 음성(-)을 띠게 되고, 외부로 전자를 잃게 되면 전자가 양성자보다 적어져서 전기적으로 양성(+)을 띠게 됩니다. 이런 경우를 '물체가 음성(-) 혹은 양성(+)으로 대전되었다.'라고 말하고, 대전된 물체를 대전체라고 부릅니다.

그러면 물체는 어떻게 대전되는 걸까? 물체를 대전시키는 여러 방법 중에서 우리가 가장 쉽게 접할 수 있는 방법이 바로 마찰에 의한 대전입니다. 머리를 여러 번 빗은 플라스틱 빗 혹은 옷에 여러 번 문지른 책받침을 머리에 갖다 대면 머리카락이 끌려 오는 현상이 바로 그것입니다. 앞서 전기적으로 중성을 띤 원자에 외부에너지가 더해서 전자가 원자핵의 인력으로부터 자유로워지는 현상을 말한 바가 있는데, 바로 외부에너지로 마찰에너지가 사용되는 경우입니다. 예를 들어 아래의 [그림 2-1]과 같이 털가죽으로 플라스틱 빨대를 문지르는 경우, 마찰에 의한 열에너지로 인해 자유전자가 만들어지고, 두 물체의 접촉면을 따라 자유전자는 플라스틱 빨대로 이동하게 됩니다. 결과적으로 플라스틱 빨대는 자유전자가 많아지게 되어(즉, 음전하가 많아지게 되어) 음성(-)으로 대전되고, 털가죽에는 그만큼의 자유전자를 잃게 되어(즉, 양전하가 많아지게 되어) 양성(+)으로 대전되는 거죠.

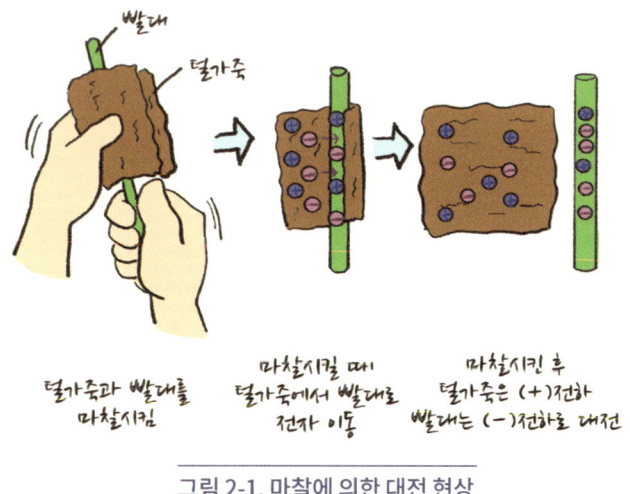

그림 2-1. 마찰에 의한 대전 현상

여기서 중요한 것은 플라스틱 빨대와 털가죽은 모두 부도체라는 사실입니다. 부도체에서는 음전하의 이동이 자유롭지 못하므로 음전하와 양전하는 각각 플라스틱 빨대와 털가죽에 머무르게 되는데 이렇게 정지한 상태의 전하를 우리는 **정전기**(靜電氣, static electricity)라고 부릅니다.

그럼 실생활에서 자주 경험하게 되는 정전기 현상에 대해서 좀 더 살펴보겠습니다.

우리가 실생활에서 경험하는 정전기 현상은 몇 가지로 정리할 수 있는데, 그 첫 번째는 **(-)대전체에 인체가 접촉되면서 음전하가 인체로 흐르는 경우**입니다. 사람의 몸은 도체이기 때문에 전기적으로 중성인 인체가 (-)대전체에 접촉하는 경우, (-)대전체에 있던 음전하가 몸으로 이동하게 됩니다. 이 때, 인체가 땅과 분리되어 있으면(예를 들어 신발을 신고 있는 경우) (-)대전체에 있던 음전하가 몸과 대전체에 골고루 퍼지게 되고, 만일 인체가 땅과 접촉되어 있으면(예를 들어 맨발인 경우) (-)대전체에 있던 음전하가 인체를 거쳐 땅으로 흡수되게 됩니다. 따라서 이 경우에는 맨발이 더 위험할 수 있겠죠.

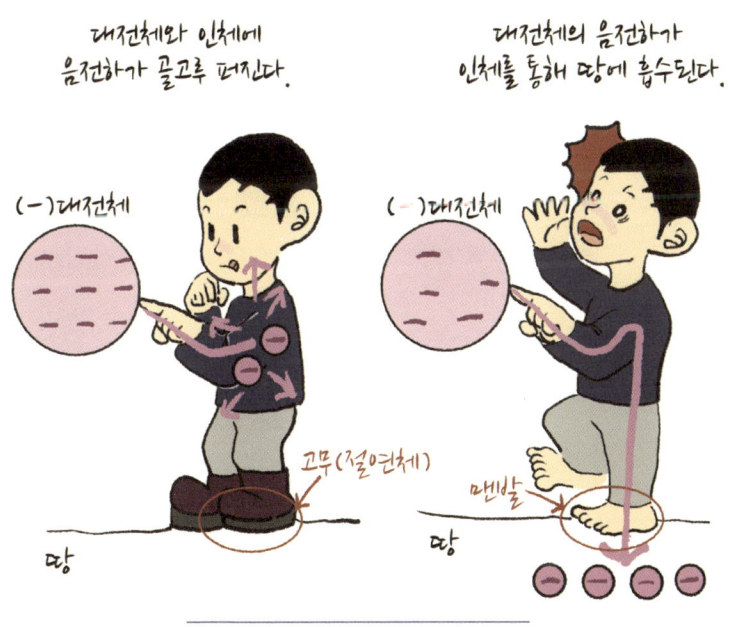

그림 2-2. 사람이 느끼는 정전기 현상

이런 현상을 방지하기 위해서 우리는 접지(earth 혹은 ground)라는 방법을 사용합니다. 대전되기 쉬운 물체를 평소 땅과 연결해서 여분의 음전하를 미리 땅으로 보냄으로써 대전이 되지 않도록 방지하는 원리입니다. 이는 누전에 의한 감전사고를 방지하는 데도 사용됩니다.

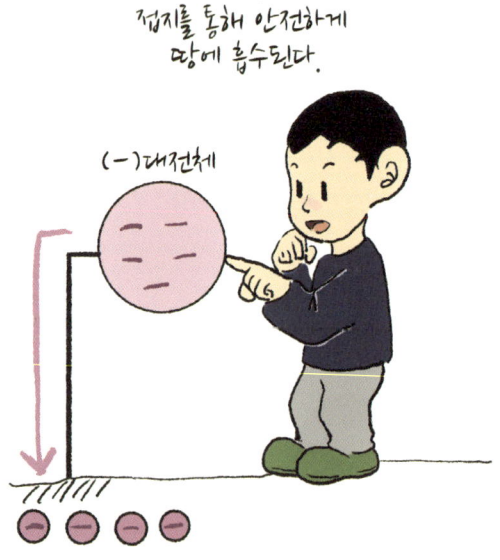

그림 2-3. 접지에 의한 대전 현상의 방지

땅(지구)은 여러 이온들과 물이 혼합된 도체이며 그 크기가 실로 매우 크기 때문에 전자를 무한대로 흡수할 수 있습니다. 무한대의 물을 흡수할 수 있는 스폰지가 바로 지구인거죠.

그럼 정전기 사고를 막아주는 용도의 접지 설비를 우리 주위에서 한 번 찾아볼까요? 아마 지금 이 순간, 우리 시야에도 있는 물건일 겁니다. 그것은 바로…플러그와 콘센트!! 아래의 [그림 2-4]에서 왼쪽이 콘센트(2구 콘센트, 플러그 2개를 동시에 체결할 수 있어서 2구라고 부르죠), 오른쪽이 플러그입니다. 뭐 워낙 익숙한 물건이라 어렵지 않죠?

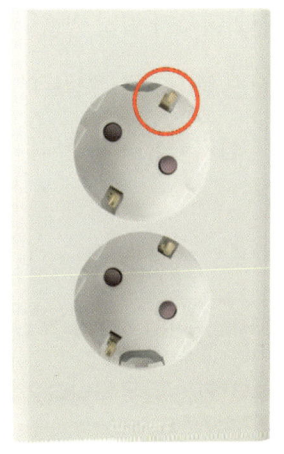 

그림 2-4. 콘센트(좌)와 플러그(우)

자 이제 콘센트에 플러그를 끼워 보겠습니다. 소위 돼지코라 불리는 부분에 플러그를 방향에 상관없이(이 부분은 나중에 교류 부분에서 다루겠습니다.) 끼워 넣으면 끝!! 그런데 콘센트의 돼지코 부분 위아래로 살짝 튀어나온 금속 부분(빨간 동그라미)이 보이죠? 이건 과연 뭘까요? 그 부분이 플러그에 맞닿는 부분도 있겠죠? 플러그를 자세히 들여다보면 접지 표시(⏚)가 보입니다. 전기제품 내부의 접지 단자가 플러그의 접지부까지 연결되어 있는 거죠. 따라서 플러그를 콘센트에 끼워 넣는 순간, 그 부분이 콘센트의 접지부에 자연스럽게 연결됩니다. 그럼 콘센트의 접지는 어떻게 연결되어 있을까요? 콘센트 덮개를 열어보면(이건 위험하니까 차단기를 내리기 전에는 절대 열어보지는 마세요) 전선 세 가닥이 보일텐데 그 중 초록색 전선이 바로 접지선입니다. 이 접지선은 가정 내 분전반을 통해 땅으로 연결되도록 전기공사가 되어 있습니다. 결국, 우리가 전기제품을 사용하기 위해서 전원 플러그를 콘센트에 꽂는 순간, 전기제품의 접지부가 땅과 연결되어 전기제품이 대전되는 것을 막음으로써 안전하게 사용할 수 있는 거죠.

실생활에서 경험하는 정전기 현상, 그 두 번째는 바로, **인체가 대전된 상태에서 도체에 접촉함으로써 정전기가 방전되는 경우**입니다. 악수를 하면서 경험하는 정전기, 문고리를 잡으면서 경험하는 정전기가 바로 이런 현상입니다. 앞서 신체가 지면과 분리된 상태에서 대전체에 접촉하는 경우, 인체를 통해 음전하가 퍼진다고 했습니다. 이렇게 대전된 인체가 도체에 접촉하는 순간, 몸에 있던 음전하가 방출되면서 정전기가 발생하게 됩니다. 이런 류의 정전기는 미리 안전하게 방출하는 것이 예방에 도움이 되겠지요? 그 대표적인 예가 바로 주유소에서 볼 수 있는 정전기 패드입니다. 우리가 주유를 하기 전에 제일 먼저 해야 하는 것이 바로 정전기 패드에 손바닥을 갖다 대는 일입니다. 정전기 패드는 이미 땅과 연결되어 있으며 손바닥을 접촉시켜 접촉면을 넓게 하여 정전기에 의한 충격을 완화하는 동시에 인체에 쌓인 전하를 땅과 교환함으로써 인체를 전기적 중성으로 만들어 줍니다. 이를 통해 정전기 방전 시 발생하는 아크(불꽃)가 유증기와 만나 폭발하는 화재사고를 미연에 방지할 수 있는 거죠.

실생활에서 경험하는 정전기의 마지막 유형은 바로 겨울철 니트를 벗을 때 경험하는 정전기입니다. 이는 생활 중 몸과 니트 사이의 마찰에 의해 각각 대전된 상태에서, 몸과 니트가 **분리되면서 발생하는 정전기 방전 현상**입니다. 이를 방지하기 위해서 우리는 정전기 방지 스프레이를 사용합니다. 물이라는 도체를 통해 대전체 간의 전도를 미리 일어나게 하여 전하가 골고루 퍼지게 만들어 대전되는 전하량을 줄여주는 원리인거죠. 따라서 평소 충분한 수분의 흡수를 통해 건조하지 않게 만들어 주는 것도 이러한 정전기를 줄이는 좋은 방법입니다. 습한 여름철보다 건조한 겨울철에 정전기를 더 많이 경험하게 되는 것도 결국 이러한 이유 때문입니다.

일반인을 위한 생활 속 전기공학 지침서
# 슬기로운 전기생활

# 제 3 화
## 여름 장마철의 불청객, 낙뢰

## 제 3 화
# 여름 장마철의 불청객, 낙뢰

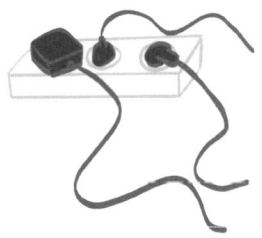

　기나긴 장마 기간 동안 우리는 꽤 많은 낙뢰(번개)를 경험하게 됩니다. 이 시간에는 여름 장마철의 불청객, 낙뢰에 대해 알아보겠습니다.

앞서 실생활 속에서 경험하는 정전기에 대해 얘기한 바 있습니다. 우리가 정전기를 느끼고 깜짝 놀라는 이유는 바로 물체와 사람 간의 정전기 방전, 즉, 대전체와 도체 간의 음전하의 이동에 의한 것입니다. **낙뢰** 역시 자연에서 일어나는 **정전기 방전 현상**입니다. 다만 차이점이라면 스케일이 다르다는 점, 달라도 너무너무 다르다는 점... 실생활에서 경험하는 정전기 현상들은 수천 ~ 수만 볼트(V)에 해당하는데 반해 낙뢰 시 발생하는 전압은 수억 볼트(V) 이상, 최근 연구에 따르면 10~20억 볼트에 이른다고 합니다.

우리는 평소에 천둥, 번개, 낙뢰, 벼락 등의 단어를 심심치 않게 사용합니다. 그런데 각각의 의미를 정확히 구분하고 사용하는지요? 그나마 천둥을 나머지 3개와 구분할 수 있는 건 어렵지 않겠죠? 천둥은 뻔쩍거린 후에 들리는 '우르르쾅쾅'하는 소리니까요. 실제로 번개에 동반되는 열때문에 공기가 팽창하면서 발생하는 충격파의 소리가 천둥입니다. 그럼 번개와 낙뢰, 벼락의 차이는 무엇일까요? 먼저 대기 중에서 발생하는 방전현상에는 여러 가지가 있습니다. 구름과 공기 간의 **대기방전**, 구름과 구름 간의 **운간방전**, 구름 내에서 일어나는 **운내방전**, 그리고 구름과 대지 간의 **대지방전**이 그것이죠. 자연에서 발생하는 이러한 방전현상을 우리는 일반적으로 '**뇌방전**(Lightning Discharge)'이라고 하죠. 이러한 뇌방전은 빛과 소리를 동반하는데 그 빛이 바로 '번개'이고, 소리가 '천둥'입니다. 그리고 위에서 말한 뇌방전의 종류 중 대지

방전을 우리는 쉽게 '낙뢰' 혹은 '벼락'이라고 합니다.

그럼 낙뢰는 어떻게 만들어지는 걸까요? 이를 이해하기 위해서는 두 가지 현상을 살펴봐야 합니다. 첫 번째, 대지의 양전하와 결합할 만한 충분한 양의 음전하를 지닌 구름이 만들어져야 합니다. 두 번째, 구름과 대지 사이에 음전하가 이동하기 쉬운 조건이 만들어져야 합니다. 이 두 조건이 동시에 맞아떨어져야 낙뢰로 이어지게 되는 거죠.

본격적인 얘기에 앞서, 뜨거운 공기는 위로 차가운 공기는 아래로 움직이는 대기현상은 이해하고 있겠죠? 그리고 무거운 건 중력에 의해 아래로 떨어지려는 성질을 지니는 것도 당연하구요.

먼저 뇌운이 만들어지기 위해서는 구름 내에서 음전하와 양전하 간의 분리, 즉, 일종의 전리 현상이 발생해야 합니다. 평소 푸른 하늘에 하얗게 드리운 구름 내부에는 양전하와 음전하가 고루 분포되어 있습니다. 하지만 불안정한 상승기류(뜨거운 하부공기가 차가운 상부공기로 유입)가 만들어지는 경우, 구름 하부의 수증기가 온도가 낮은 상부로 올라가면서 얼음알갱이로 응고됩니다. 이들이 서로 부딪히면서 큰 얼음알갱이는 음(-)전하가 되어 아래로 떨어지고, 깨진 작은 얼음알갱이와 물은 양(+)전하가 되어 구름의 상부로 이동하면서 구름 내부에 양(+)전하와 음(-)전하가 분리된 구름, 즉, 번개구름(뇌운)이 만들어지게 됩니다.

이런 원리에 의해 주로 적란운(위아래로 형성된 구름)에서 뇌운이 만들어지게 되는 거죠. 이렇게 만들어진 뇌운은 기본적으로 수분을 많이 포함하고 있습니다. 그 수분은 어디에서 왔을까요? 바로 지표면에서 수분을 공급받습니다. 이런 이유로 춥고 맑고 건조한 날씨보다 덥고 흐리고 습한 날씨에 뇌운이 더 쉽게 만들어집니다.

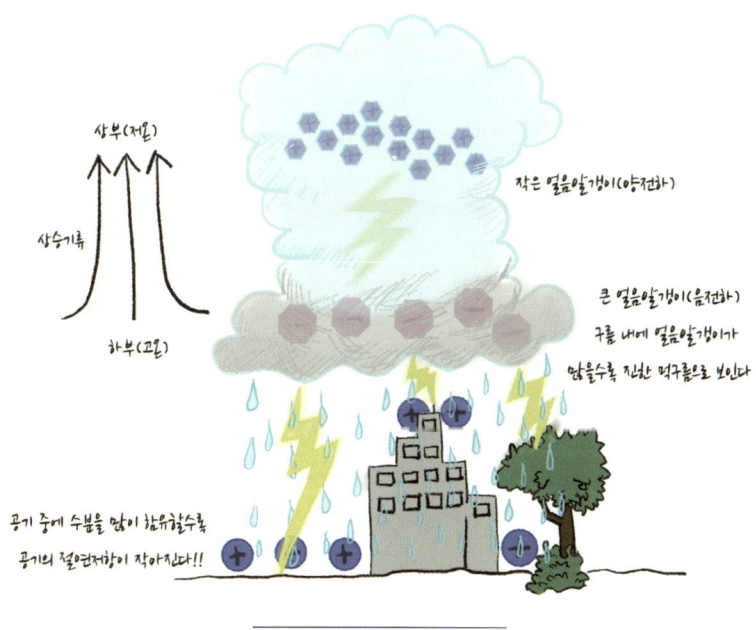

그림 3-1. 뇌운의 생성 과정

자 그럼 뇌운이 만들어지면 바로 낙뢰로 이어질까요? 뇌운은 구름의 하부 즉, 대지와 가까운 부분에 음전하가 아주 많이 쌓인 상태이고, 낙뢰는 뇌운과 대지 사이의 방전 현상을 의미합니다. 즉, 대기 중의 절연 저항이 깨지면서 뇌운에 축적된 음전하가 대지의 양전하와 결합하는 현상이죠. 원래 공기는 전기가 흐르지 않는 훌륭한 절연체입니다. 만일 전선이 끊어진 상태로 1mm 정도 이격이 되어 있는 경우, 대략 3,000V의 전압이 인가되어야 공기 중 절연저항이 파괴되어 방전이 일어난다고 합니다. 따라서 적어도 수백 미터가 떨어져 있는 구름과 대지 사이에서 방전이 일어나려면 엄청난 전위차(두 지점 간의 전압의 차이)가 구름과 대지 사이에 형성되어야 합니다. 하지만 공기 중에 수분을 함유하는 경우, 그보다 작은 전위차에서도 방전이 일어날 수 있습니다. 앞서 낙뢰가 발생하는 전압이 대략 10~20억 볼트에 이른다고 언급한 부분 기억나시죠? 수분은 전기를 잘 통하기 때문에 공기 중에 수분을 많이 함유할수록 공기 중의 절연저항이 작아지게 되고, 어느 순간 구름과 대지 사이에 엄청난 양의 음전하가 방출되어 대지로 흐르게 됩니다. 이 현상이 바로 '낙뢰'입니다.

여기서 말하는 저항(Resistance, 단위: Ω)이라 함은 '전류의 흐름을 방해하는 성질'로서, 전류를 잘 흐르게 하는 물질일수록, 그 저항 물질의 길이가 짧을수록 그리고 그 표면적이 넓을수록 저항이 작아져서 전류를 잘 흐르게 만듭니다. 즉, 공기 중에 수분을 많이 함유할수록(비가 내리는 경우), 구름이 대지에 가까이 있을수록 그리고 그 구름의 면적이 넓을수록(먹구름이 넓고 낮게 형성된 경우) 구름과 대지 간의 저항이 작아져서 낙뢰로 이어질 확률이 높아집니다. 그와 반대로 구름 한 점 없이 건조하고 맑은 날 벼락이 떨어질 확률은??? 마른 하늘에 날벼락이라는 말의 의미를 미루어 짐작하실 수 있겠죠.

먹구름이 낮게 낀 비오는 날, 넓은 들판에 우산을 들고 걸어가는 건 결국 낙뢰에게 "내가 여기 있으니 나에게 오시오!"라고 도발하는 것과 다를 바가 없습니다. 이런 날에는 비를 피하기 위해서 나무 밑으로 피신하는 것 역시 위험한 행동입니다. 비에 맞은 나무 역시 낙뢰를 맞을 확률이 높아지는데, 빗물이 지표면으로 흐르기 때문에 낙뢰에 맞은 나무 옆에 있으면 지표면으로 퍼지는 음전하로 인해 충격을 받을 수 있습니다. 이 때 가장 좋은 선택은 자동차 안에 피신하는 것이고, 주위에 피할 곳이 마땅히 없는 경우에는 몸을 낮추고 두 발은 모은 상태로 쪼그려 앉는 것이 차선책입니다.

그럼 낙뢰가 떨어진 위치는 어떻게 알 수 있을까요? 이는 빛과 소리의 속도 차를 이용해서 알 수 있는데, 빛(번개)의 속도는 초속 300,000km이고, 소리(천둥)의 속도는 상온에서 약 초속 340m이며 매질의 밀도가 높아질수록 더 빨라집니다. 즉, 비가 오는 밤에는 맑은 낮에 비해 소리가 더 빨리 전달되며, 비오는 밤 주위의 소리가 더 잘 드리는 이유이기도 합니다. 예를 들어 번개가 번쩍이고 약 3초 후에 천둥소리를 들었다면 내가 있는 위치로부터 약 1km 떨어진 지점에서 번개가 쳤다는 사실을 미루어 짐작할 수 있습니다.

마지막으로 이렇게 위험한 낙뢰로부터 우리를 안전하게 보호해주는 장비에는 어떤 게 있을까요? 가장 대표적인 장비는 바로 우리 주위의 높은 곳이라면 어디든지 쉽게 볼 수 있는 '피뢰침'입니다. 건물의 옥상, 굴뚝 등에 뾰족하게 솟아있는 피뢰침은 우리보다 먼저 낙뢰를 맞아주는, 살신성인의 정신을 몸소 실천하는 장치입니다.

또한, 교외에 나가면 쉽게 볼 수 있는 철탑에도 피뢰침의 역할을 하는 장치가 있습니다. 한적한 들판에 우뚝 솟아있는 철탑(가공송전선로)이야말로 낙뢰의 뇌격(Stroke)을 당하기에 좋은 최적의 조건을 갖추고 있습니다. 만일 이런 철탑에 낙뢰가 떨어지면 대규모 정전으로 이어지게 되므로 송전선로를 보호하기 위한 장치가 필수적입니다. 아래의 그림은 우리나라에서 어렵지 않게 볼 수 있는 초고압 송전선로를 보여주고 있습니다. 우리나라의 경우에는 수직 2회선 송전방식을 표준 송전방식으로 채택하고 있는데, 이는 ①, ②번과 같이 위아래 수직으로 3개의 선로(1회선)가 좌우로 총 2회선이 연결되어 있음을 의미합니다. 점선 ③번으로 표시된 부분은 '가공지선'이라는 선로로서 낙뢰의 뇌격으로부터 송전선로(①, ②번)를 보호해주는 역할을 합니다.

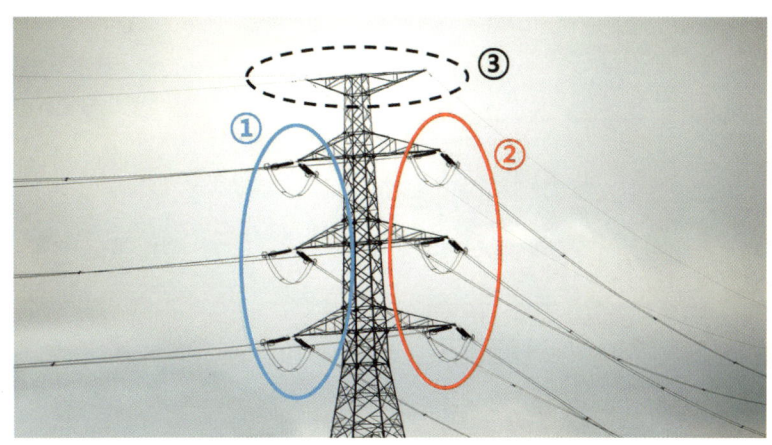

그림 3-2. 수직 2회선 송전선로에서의 가공지선

일반인을 위한 생활 속 전기공학 지침서
# 슬기로운 전기생활

## 제 4 화
# 전기는 흐른다?
# 물처럼?

# 제 4 화
# 전기는 흐른다?
# 물처럼?

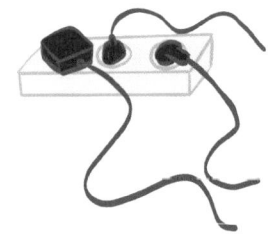

우리는 지난 3화에 걸쳐 전기라는 현상의 본질이 **음전하의 움직임**이라는 것을 알았습니다. 하지만 우리가 평소에 사용하는 에너지로서의 전기와는 약간 달라 보이지 않나요? 왜냐하면 지금까지는 정지되어 있는 음전하에 의한 현상, 즉, 정전기에 대해 이야기했으니까요. 이번 시간은 움직이는 음전하에 대해 살펴보려 합니다.

우리는 음전하의 흐름을 일컬어 **전류(電流, Current)**라고 부릅니다. 앞서 살펴본 정전기 현상을 보더라도 음전하가 정지되어 있는 상태로 모여 있는 경우에는 그 양에 상관없이 큰 문제가 되지 않습니다. 다만 그 모여 있던 음전하가 움직일 수 있는 조건이 되는 순간, 즉, 도체에 의해 접촉이 되거나 절연저항이 파괴되는 순간, 바로 정전기 방전 혹은 낙뢰로 이어지게 됩니다. 이러한 현상도 결국 음전하가 움직이는 현상이므로 전류에 의한 현상으로 볼 수 있습니다. 다만 일반적으로 사용하는 전류의 의미와 차이가 있다면, 그 방전이 매우 짧은 시간 동안 이뤄지고 금방 사라진다는 거죠. 이는 평평한 곳에 고여있던 물이 경사를 만나 흐르게 되고, 물이 다 소진되면 더 이상 물이 흐를 수 없는 것과 같은 이치입니다.

그렇다면 음전하의 흐름 즉, 전류를 물의 흐름처럼 생각할 수 있을까요? 결론적으로 말하면, 한편으로는 가능하고 다른 한편으로는 불가능합니다. 음전하의 흐름을 물의 흐름에 대비하여 개념화할 수 있다면 전류를 이해하는 데 도움이 될 수 있습니다.

우리가 물이 흐르는 방향과 흐르는 물의 양으로 물의 흐름을 인식하는 것과 마찬가지로 전류도 **방향**과 그 **크기**를 정확히 알아야만 그 흐름을 이해할 수 있습니다.

먼저 전류의 방향에 대해 알아보겠습니다. 누구나 알다시피 물은 항상 높은 곳에서 낮은 곳으로 흐릅니다. 이는 중력에 의한 위치에너지에 의해 발생하는 현상이며, 우리는 이러한 위치에너지를 포텐셜 에너지(Potential Energy)라 부릅니다. 높은 곳에 위치한다는 그 자체만으로도 운동에너지로 변환될 만한 잠재적인 에너지를 가지고 있다는 의미입니다. 전기도 마찬가지입니다. 전기는 전압이 높은 곳에서 전압이 낮은 곳으로 흐르게 됩니다. 상대적으로 전압이 높은 쪽을 (+)로, 낮은 쪽을 (-)로 표시하죠. 그 차이를 '전위차'라 하는데, 이는 물의 낙차에 해당합니다. 여기에서 중요한 사실은 물이 떨어지는 건 바로 높은 곳과 낮은 곳의 상대적인 고도차 때문이라는 겁니다. 따라서 전기의 경우에도 두 지점의 전위차, 즉 상대적인 전압의 차이가 클수록 전류가 잘 흐르며, 이런 의미에서 전위차(상대전압)를 전기적 포텐셜(Electrical Potential)이라고 부릅니다.

그럼 물의 흐름과 전기의 흐름에는 어떠한 차이가 있을까요? 그 차이는 바로, 물은 사람이 인지 가능한 수준의 속도로 흐르지만, 전류는 사람이 인지하지 못할 정도로 빠른 속도인 광속(초속 300,000km)으로 움직인다는 사실입니다. 마치 음전하 하나가 광속으로 움직이는 것으로 착각할 수 있습니다만 음전하 근처의 양전하(정공)와 결합하면서 연쇄적으로 일어나는 반응이 매우 빠르게 일어난다는 의미입니다. 결과적으로 전기의 흐름을 직접 사람이 인지하는 것은 불가능합니다. 따라서 개념적으로나마 그 방향을 이해해야 합니다. 아래의 전기회로 위에 음(-)전하가 있다고 생각해보겠습니다. 앞서 전류를 음전하의 흐름이라고 했으니까 전류와 음전하의 흐르는 방향과는 뭔가 밀접한 관련성이 있겠죠? 음전하는 (-)극성을 띄므로 전원의 (+)극과는 인력(당기는 힘)이, (-)극과는 척력(밀어내려는 힘)이 작용합니다. 따라서 음전하는 전원의 (-)극으로부터 (+)극의 방향으로 빛의 속도로 움직이게 됩니다. 헛! 방금 전에 전기는 전위차가 높은 쪽에서 낮은 쪽으로, 즉 (+)극에서 (-)극으로 움직인다고 했는데 음전하의 흐름은 그와 반대 방향으로 움직이네요? 맞습니다. 그래서 우리는 **전류의 방향을 음전하가 흐르는 방향의 반대 방향으로 정의**하는 거죠.

그림 4-1. 물의 흐름

그렇다면 낮은 전위로 흘러간 전기를 어떻게 다시 높은 전위로 올릴 수 있을까요? 이 질문은 "아래로 떨어진 물을 어떻게 다시 높은 곳으로 끌어 올릴 수 있을까요?"라는 질문과 같은 것이죠. 우리는 펌프(Pump)

라는 장비를 이용해서 낮은 곳의 물을 다시 높은 곳으로 올린다는 사실을 잘 알고 있습니다. 그래야만 물이 순환되어 계속해서 일을 할 수 있게 되니까요. 따라서, 전기에도 펌프의 역할을 하는 장비가 필요하겠죠? 그러한 장비가 바로 발전기 혹은 전지입니다. 우리는 이런 역할을 하는 전기적 장비를 전원(Source) 혹은 발전원(Generator)이라고 부릅니다.

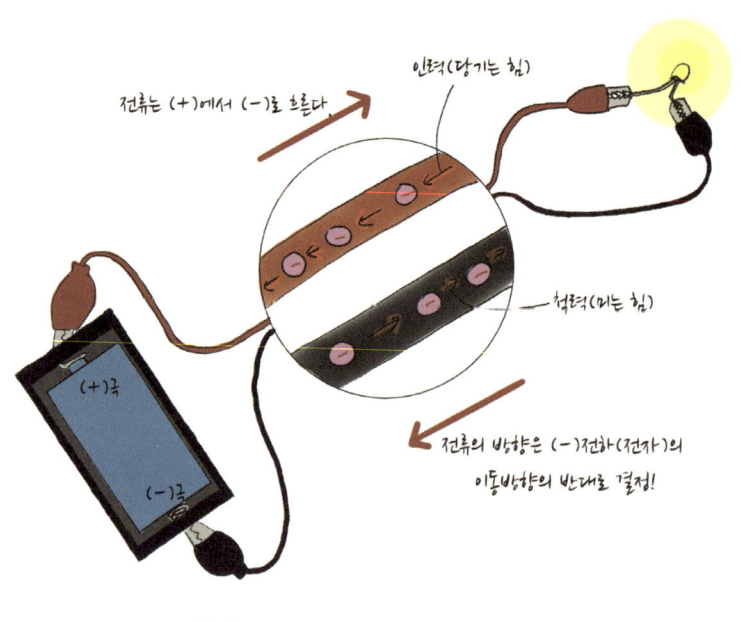

그림 4-2. 전기의 흐름(음전하의 흐름)

그럼 전류의 크기는 어떻게 정할까요? 위의 내용을 통해 쉽게 유추할 수 있듯이, 전류의 크기는 바로 얼마나 많은 음전하가 흐르는가로 판단할 수 있고, 우리에게 익숙한 암페어(A)라는 단위가 바로 전류의 크기를 나타내는 단위입니다. 또한, 물이 흐르는 길(수로)이 필요하듯이 전기도 전원과 전등(전기를 사용하는 대상) 간에 전류가 잘 흐르도록 완벽한 폐회로(닫힌 회로)가 형성되어 있어야 하고, 수로가 잘 정비되어야 많은 물이 흐를 수 있듯이, 회로에서도 전기의 흐름을 방해하는 정도인 저항이 작을수록 더 많은 전류가 흐를 수 있습니다.

자, 이제 우리는 전류에 대한 개념을 정립할 수 있게 되었습니다. 물이 높은 곳에서 낮은 곳으로 흐르듯, 전류 역시 전위가 높은 곳에서 낮은 곳으로 흐른다는 사실을 통해 전류의 방향을 결정할 수 있습니다. 이는 전기를 만드는 쪽에서 사용하는 쪽으로 전류가 흐른다는 것을 의미하기도 합니다. 또한 물이 떨어지는 낙차가 클수록, 수로의 저항이 작을수록, 더 많은 물이 떨어지듯이, 전위차가 클수록, 회로의 저항이 작을수록, 더 큰 전류가 흐르게 됩니다.

일반인을 위한 생활 속 전기공학 지침서
# 슬기로운 전기생활

## 제 5 화
## "전기가 잘 통한다."
## 라는 말의 의미

# 제 5 화
# "전기가 잘 통한다."라는 말의 의미

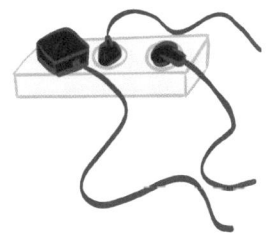

우리는 앞서 전류 즉, 음전하의 흐름에 대해 살펴보았습니다. 물이 높은 곳에서 낮은 곳으로 흐르듯이 전기도 상대적인 전위(전기적 포텐셜)가 높은 곳(+)에서 낮은 곳(-)으로 흐른다는 거죠. 실제로 자유전자(음전하)는 그와는 반대로 (-)에서 (+) 방향으로 이동하지만, 전류의 방향을 음전하가 이동하는 방향의 반대 방향으로 정의하기 때문에 물의 흐름과 전기의 흐름을 개념적으로 유사하게 생각할 수 있습니다.

지난 이야기의 주제가 전류의 방향에 대한 것이었다면 오늘은 **전**

**류의 크기**에 대해 이야기해보려 합니다. 전기가 흐르기 위해서는 다음의 두 조건을 만족해야 합니다. 첫째, **전기가 흐를 수 있는 전위차가 존재**해야 합니다. 이는 상대적인 전기적 위치에너지(=전위=전기적 포텐셜)의 차이를 의미합니다. 우리는 이 차이를 **전압(電壓)**이라고 하며, V(voltage의 약자)로 표시합니다. 물론 그 단위로 볼트(V)를 사용하지요. 둘째, **(+)전위와 (-)전위 사이에 완벽한 전로(電路, electric path)가 형성**되어야 합니다. 즉, (+)전위와 (-)전위 사이에 도체로 끊김없이 연결되어 있어야 하죠. 우리는 이 경우를 '닫힌 회로(Closed circuit, 폐회로)'라고 합니다. 만일, (+)전위와 (-)전위 간에 어느 한 부분이라도 연결이 끊기게 되면 음전하가 이동할 길이 끊긴 것(연쇄적으로 결합할 정공과 분리됨)이므로 전류가 흐를 수 없겠지요? 우리는 이 경우를 '열린 회로(Open circuit, 개방회로)'라고 합니다. 우리가 전등을 켜고 끄기 위해 누르는 벽면에 위치한 전등 스위치가 바로 전원과 전등 사이에 연결된 회로를 열고(Open) 닫는(Close) 역할을 하는 장치입니다.

그럼 일정한 전위차가 있는 회로에 흐르는 전류의 크기는 어떻게 결정될까요? 그 관계를 정해주는 요소가 바로 **저항(R)**입니다. 저항을 의미하는 기호인 R은 영어로 Resistance를 의미하고, 그 단위로는 옴($\Omega$)을 사용합니다. 저항이라는 이름으로부터 무언가를 막는 역할을 하는구나라고 생각할 수 있겠죠? 바로 **전기의 흐름을 방해하는 성질**을 우리는 저항(R)이라 합니다. 즉, 두 점 사이의 전위차가 일정한 경우, 저항이 클수록 전기의 흐름을 방해하는 성질이 크므로 전류가 잘 흐르지 못하고, 저항이 작을수록 전기의 흐름을 방해하는 성질이 작아지므로 전류가 잘 흐르게 됩니다. 이를 수식으로 표현한 것이 바로 '**옴의 법칙(V = IR)**'입니다. 전기에 대해 잘 모르는 사람이라 하더라도 누구나 중고등학교 과학 시간에 한 번쯤은 들어봤을 만한 법칙…앞으로 전개될 많은 이야기들이 바로 이 옴의 법칙을 근간으로 합니다.

위에서 얘기한 대로(즉, 일정한 전위차에 대해 저항이 클수록, 혹은 저항이 작을수록) 그 관계를 다시 표현하면 **I = V/R**가 되겠죠? 옴의 법칙으로 알려진 'V=IR'과 이 식은 서로 역함수의 관계에 있습니다. 여기에서 함수관계라고 함은 입력과 출력 사이에 존재하는 수학적 연관성을 의미하고, 역함수관계라는 함은 입력과 출력을 서로 바꿨을 경우의 수학적 관계를 의미합니다.

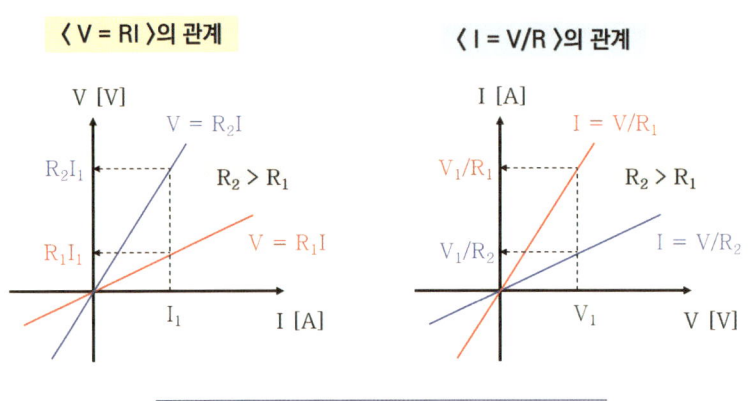

그림 5-1. 옴의 법칙의 두 가지 해석(V=IR, I=V/R)

'V = IR'이라는 식이 'y = ax'라는 식과 같아 보여야 하는데, 그렇게 보이나요? 옴의 법칙을 조금 바꿔서 'V = RI'라 하면 조금 편한가요? 'y = ax'라는 식은 우리가 잘 아는 1차 함수입니다. 이 식에서 a를 기울기라 부르고, 만일 a = 3인 경우(y = 3x), x가 1이면 y는 3이 되고, x가 3이면 y는 9가 되는 이런 류의 관계를 표현한 식입니다. a = 10인 경우(y = 10x)에도 마찬가지로 생각할 수 있습니다. 여기에서 x를 바꿔가면서 y를 살펴보는 것, 그것이 바로 입력 x와 출력 y의 함수관계를 알아내는 과정입니다. 즉, 옴의 법칙(V = RI)은 전류 입력 I와 전압 출력 V의 관계가 1차 함수로 표현된다는 의미입니다. 옴의 법칙에서 전압과 전류의 위치를 바꾼 식인 'I = V/R'는 'I = (1/R)V'로 쓸 수 있고, 이 식은 전압 입력 V와 전류 출력 I와의 관계를 표현한 것입니다. 결과적으로 우리가 위에서 얘기했던 일정한 전압에 대해 저항이 클수록 전류는 작아지고, 저항이 작을수록 전류가 커지는 관계는 'I = (1/R)V'의 식으로 표현됩니다. 여기에서 1/R은 저항의 역수로서, 저항이 전기의 흐름을 방해하는 의미이기 때문에 그 역수는 전기를 얼마나 잘 흐르게 하느냐를 의미하며, 우리는 이를 **전도도(Conductance, G)**라 부릅니다. 여기에서 컨덕턴스(G)의 개념이 단순히 저항 R의 역수(즉, 1/R)를 의미하는 것은 아니다라는 사실만 기억해주기 바랍니다. 원래 컨덕턴스(G)는 어드미턴스(Admittance, Y)의 실수부를 의미합니다.

자 그러면 전압과 전류의 크기와 방향 간의 관계를 옴의 법칙을 통해 정리해 보겠습니다.

저항 R [Ω, 옴]이 있고, 그림 5-2와 같이 저항의 위(+)와 아래(-)에 전압 $V_R$ [V, 볼트]를 인가하는 경우, 저항 R에는 위에서 아래 방향으로, 즉, (+) 전위에서 (-) 전위의 방향으로 크기 $V_R/R$인 전류 $I_R$ [A, 암페어]가 흐르게 됩니다.

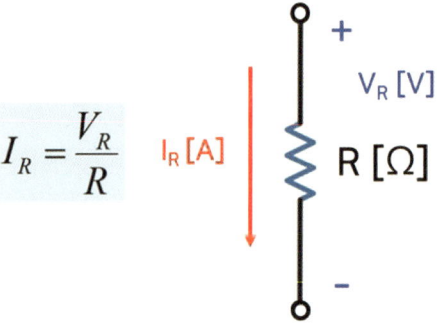

그림 5-2. 저항 R에 전압 $V_R$을 인가하여 전류 $I_R$이 흐름 ($I_R=V_R/R$)

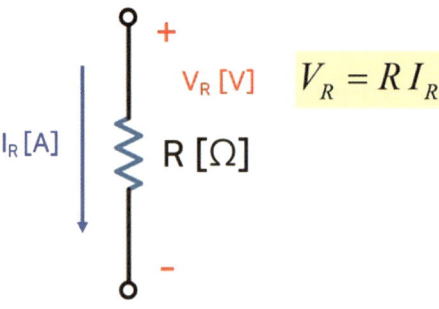

그림 5-3. 저항 R에 전류 $I_R$을 흘림으로써 전위차 $V_R$이 생성됨 ($V_R=RI_R$)

저항 R [Ω, 옴]이 있고, 그림 5-3과 같이 저항의 위에서 아래 방향으로 전류 $I_R$ [A]를 흘리는 경우, 저항 R에는 전류가 들어가는 쪽을 (+)로, 흘러 나가는 쪽을 (-)로 크기 $R \cdot I_R$인 전위차 $V_R$ [V]가 형성되게 됩니다.

전기공학을 공부한 사람이라면 저항과 관련해서 또 다른 하나의 식이 더 있음을 알고 있을 겁니다.

$$R = \rho \frac{l}{A} \; [\Omega]$$

식 (5-1)

여기에서 ρ는 저항을 이루는 물질이 전류의 흐름에 얼마가 강하게 맞서는지(방해하는지)를 측정한 물리량인 비저항을 의미하며, l은 도체의 길이, A는 도체의 단면적을 의미합니다. 즉, 물이 흐르는 관로의 길이가 짧을수록, 관로의 단면적이 넓을수록, 그리고 관로를 이루는 재료가 물에 대한 마찰이 적을수록 물을 더 잘 흐르게 한다는 것과 같습니다. 위의 식은 저항체의 물리적 특성을 통해 저항값 R을 결정하는 식이며, 옴의 법칙은 저항과 관련해서 전압과 전류의 관계를 결정하는 식이므로 두 식을 명확히 구분할 필요가 있습니다.

제 3 화에서 얘기한 바 있는 낙뢰의 예를 가지고, 식 (5-1)과 옴의 법칙의 차이에 대해 설명해 보겠습니다. 대기 중에 습기가 많을수록 전기가 더 잘 흐르고, 건조할수록 전기가 잘 흐르지 않을 겁니다. 전기가 흐르는 공간을 이루는 물질 즉, 대기 자체가 얼마나 전기를 잘 흐르는 물질로 구성되어 있는지(수분이 많은지 적은지) 이것이 바로 비저항($\rho$)의 개념입니다. 그리고 구름과 대지 간의 거리($\ell$)가 가까울수록, 구름의 표면적(A)이 넓을수록 대기 중 절연저항이 작아지게 되어 더 쉽게 대기 방전이 일어나게 됩니다. 이렇게 구름과 대지 간의 저항(R)이 위의 식 (5-1)에 의해 결정되면, 그 다음에는 대지와 구름 간의 전위차에 의해 방전되는 전류가 결정되게 됩니다. 만일 대지와 구름 간의 전위차가 대지와 구름 간의 절연저항을 파괴할 만큼 크지 않으면 낙뢰가 발생하지 않지만, 해당 수준 이상의 전위차가 생성되는 순간, 옴의 법칙($I = V/R$)에 의해 대지와 구름 간의 전위차(V)가 클수록 더 큰 전류(I)가 방전 전류로 흐르게 되어 큰 낙뢰가 발생하게 됩니다.

결과적으로 우리가 말하는 전기가 잘 흐른다는 말은 도체의 저항이 작아서 일정한 전압에 대해 더 큰 전류가 흐름을 의미합니다. 또한, 저항이 작아서 전류가 잘 흐르는 물체를 도체, 저항이 매우 커서 전류가 흐르지 못하는 물체를 부도체, 혹은 절연체라 부릅니다.

일반인을 위한 생활 속 전기공학 지침서

# 슬기로운 전기생활

# 제 6 화
# 전선 위의 참새는 왜??

## 제 6 화
# 전선 위의
# 참새는 왜??

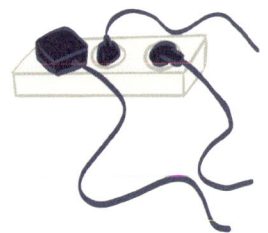

　제 5 화에서는 저항에서의 전류와 전압 간의 관계 즉, 옴의 법칙에 대해 살펴보았습니다. 저항의 양 단에 전압이 걸리면(전위차가 발생하

면) (+)에서 (-)의 방향으로 전류가 흐르게 되고 그 때 흐르는 전류의 크기(I)는 V/R로 결정됩니다. 이와 마찬가지로, 저항에 전류를 흘리면 전류가 들어가는 쪽을 (+)로, 나가는 쪽을 (-)로 저항의 양 단에 전위차가 생기며 그 전위차(전압)의 크기(V)는 전류 I와 저항 R의 곱으로 결정된다는 내용이었지요.

이번 시간에는 옴의 법칙으로부터 파생되는 다양한 법칙에 대해 살펴보고, 이를 통해 전선 위의 참새가 안전한 이유를 알아보겠습니다.

전기이론에서 다루는 회로소자(circuit elements)들의 연결 방식은 크게 **직렬(series)과 병렬(parallel)**로 구분됩니다. (물론 직렬도 아니고 병렬도 아닌 연결 방식이 존재합니다만...Y결선, Δ결선 등) 저항 2개를 연결하는 방법에 대해 생각해보겠습니다. 아래의 그림에서 저항의 양 끝을 흰색 동그라미로 표현했는데, 우리는 그 부분을 단자(terminal)라고 부릅니다. 결국, 저항의 연결방식은 저항 양 끝 단자들을 어떻게 연결하느냐의 문제와 같습니다. 아무리 머리를 굴려봐도 저항 2개를 연결하는 방식은 직렬연결과 병렬연결 두 가지뿐이지요. 직렬연결은 마치 두 사람이 한 손만 잡은 경우로, 병렬연결은 두 사람이 두 손을 서로 마주 잡는 경우로 생각하면 됩니다.

그림 6-1에서 직렬연결과 병렬연결의 구조적인 특징을 살펴보면, 직

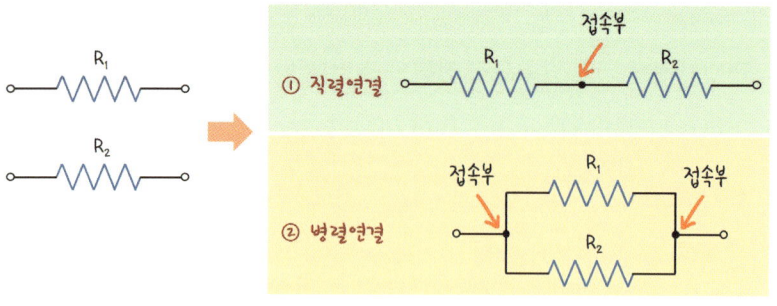

그림 6-1. 저항 2개의 연결 방식 : 직렬연결과 병렬연결

렬연결의 경우 전류가 흐르는 길이 하나뿐이므로 $R_1$에 흐르는 전류가 그대로 $R_2$에도 흐르게 됩니다. 우리는 이 경우 두 저항이 '**전류(I)를 공유한다**'라고 합니다. 병렬연결의 경우, 두 저항 $R_1$과 $R_2$가 같은 두 단자에 연결되므로 해당 두 단자 사이의 전위차(전압)가 두 저항에 같이 인가되며, 우리는 이 경우 두 저항이 '**전압(V)을 공유한다**'라고 합니다. 즉, 직렬연결된 저항에 흐르는 전류는 같고, 병렬연결된 저항의 전압은 같습니다.

자, 이제 여기에 옴의 법칙(V=IR 혹은 I=V/R)을 적용해 보겠습니다. 2개의 저항의 크기를 각각 $R_1$과 $R_2$라 하고, 두 저항이 직렬로 연결된 경우를 생각해봅시다.

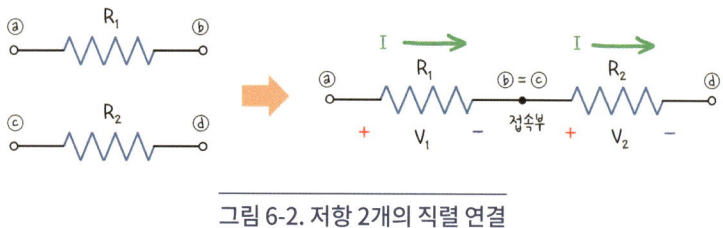

그림 6-2. 저항 2개의 직렬 연결

전류 I가 단자 ⓐ로 흘러 들어간다고 생각하면 저항 $R_1$에는 단자 ⓐ에 (+), 단자 ⓑ에 (-)의 부호를 갖고 크기($V_1$)가 $R_1*I$인 전위차가 생성됩니다. 이 전류는 저항 $R_2$에도 흐르기 때문에, 저항 $R_2$에는 단자 ⓒ에 (+), 단자 ⓓ에 (-)의 부호를 갖고 크기($V_2$)가 $R_2*I$인 전위차가 생성됩니다. 따라서 직렬 연결된 두 저항의 양 끝 단자 ⓐ와 ⓓ 사이의 전위차는 두 전위차의 합이고, 아래의 식 (6-1)로 표현할 수 있습니다.

$$V_{ad} = V_{ab} + V_{cd} = V_1 + V_2 = R_1 I + R_2 I$$
$$= (R_1 + R_2) I = R_{total} I$$

식 (6-1)

이 식은 키르히호프의 전압법칙(Kirchhoff's Voltage Law, KVL)을 의미하며, 여기에서 $R_1 + R_2$는 합성저항($R_{total}$)으로, 두 개의 저항이 직렬로 연결된 경우 합성저항의 크기는 개별 저항의 합($R_{total}=R_1+R_2$)으로 구할 수 있음을 의미합니다.

이번에는 두 저항이 병렬로 연결된 경우를 생각해봅시다.

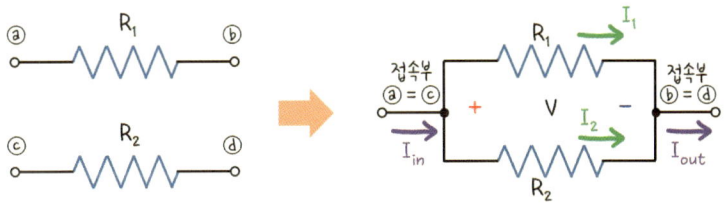

그림 6-3. 저항 2개의 병렬 연결

병렬로 연결된 두 저항은 전압을 공유하므로, 각 저항의 양 단의 전위차를 V라 하면, 저항 $R_1$에는 (+)에서 (-) 방향으로 크기는 $V/R_1$인 전류($I_1$)가 흐르고, 저항 $R_2$에는 (+)에서 (-) 방향으로 크기는 $V/R_2$인 전류($I_2$)가 흐르게 됩니다. 이 때, 접속부 두 곳을 중심으로 살펴보면, 접속부 단자(ⓐ=ⓒ)에서는 두 전류를 합한 전류($I_{in}$)가 저항으로 흘러 들어가고, 접속부 단자(ⓑ=ⓓ)에서는 두 전류를 합한 전류($I_{out}$)가 저항으로부터 흘러 나오게 됩니다.

$$I_{in} = I_1 + I_2 = \frac{V}{R_1} + \frac{V}{R_2} = \left(\frac{1}{R_1} + \frac{1}{R_2}\right)V = \frac{V}{R_{total}} = I_{out} \quad \text{식 (6-2)}$$

이 식은 키르히호프의 전류법칙(Kirchhoff's Current Law, KCL)을 의미하며, 여기에서 $\frac{1}{R_1}+\frac{1}{R_2}$은 합성저항($R_{total}$)의 역수($1/R_{total}$)로서, 두 개의 저항이 병렬로 연결된 경우 합성저항의 크기는 $R_{total} = \frac{R_1 R_2}{R_1 + R_2}$으로 구할 수 있습니다.

좀 복잡해 보이지만 자세히 살펴보면 이해하지 못할 정도로 어려운 수식은 아닙니다. 미분적분이 아닌 게 어딘가요?

자, 이제 살면서 누구나 한 번쯤은 궁금했을 법한 문제인 '전선 위에 앉아 있는 참새는 왜 감전이 되지 않지?'에 대한 해답을 찾아보겠습니다. 위에서 살펴본 수식이면 충분히 그 이론적인 해답을 찾아낼 수 있습니다.

전선 위의 참새가 감전되지 않는 이유로서 가장 먼저 생각해봐야 할 것은 바로 참새가 앉아 있는 전선이 평소 전류가 흐르지 않는 **가공지선**인 경우입니다. <제 3 화 여름 장마철의 불청객, 낙뢰> 편의 마지막 부분에 낙뢰로부터 송전선을 보호하기 위해 설치된 가공지선에 대해 언급한 바 있습니다. 가공지선의 경우 평소에는 전류가 흐르지 않는 보호 선로이므로 그 위에 앉아 있는 새는 당연히 안전하겠지요?

두 번째로는 참새가 **피복선** 위에 앉아 있는 경우입니다. 전선은 크게 피복선과 나선으로 구분되는데, 피복선은 전류가 흐르는 전선(도체) 외부를 절연물질로 피복함으로써 외부 접촉에 의한 감전을 방지하는 안전한 전선입니다. 우리가 사용하는 전선들은 대부분 PVC나 PE, 실리콘, 고무 등으로 피복된 피복선으로 사람의 접촉 가능성이 높은 곳, 주로 22.9kV 전압대 이하의 배전, 옥내외 배선, 전기기구, 전기제품 등에 사용됩니다. 22.9kV 전압대라는 표현이 매우 낯설지요? 쉽게 얘기하면 전신주(전봇대) 위에 올려져 있는 회색 기구물(주상변압기)을 생각하면 됩니다. 그 변압기는 22.9kV 배전전압을 우리가 사용하는 220V 전압으로 낮춰주는 역할을 합니다. 배전단으로 내려올수록(전압대가 낮아질수록) 아무래도 사람들이 접촉할 확률이 높을테니 안전한 피복선을 사용해야겠지요. 따라서 피복선에 앉아 있는 새들은 그 자체로 안전합니다.

그렇다면 피복선이 아닌 **나선** 위에 앉은 참새는 어떨까요? 나선은 주로 전압대가 높은 송전선로에 사용됩니다. 우리가 넓은 들판에서 자주 보게 되는 철탑들이 바로 송전용 철탑이지요. 154kV 이상의 매우 높은 전압대로 발전소로부터 우리가 전기를 사용하는 도심지까지 전기를 보내주는 역할을 하는데, 여기에 연결된 송전선은 워낙 높은 철탑 위에 위치해 있어 사람들의 접근이 힘들고, 그 길이도 매우 길기 때문에 경제적인 이유로 피복선이 아닌 나선(피복이 되지 않은 순수한 도체)을 이용합니다. 그러면 철탑과 철탑 사이의 초고압 송전선 위에 앉아 있는 새들은 위험할 거라 생각되지만 실상은 그렇지 않습니다. 이는 바로 위에서 살펴본 **저항의 병렬연결에서의 키르히호프의 전류법칙(더 정확히는 병렬회로에서의 전류분배 현상)**에 따른 것입니다. 전선 위에 앉아 있는 참새는 그림 6-4와 같이 전선의 저항과 참새의 저항이 병렬로 연결된 형태로 해석할 수 있습니다. 참새의 저항($R_{bird}$)을 100Ω이라 가정하고(인체의 저항이 수천Ω임을 감안하라), 선로 저항이 0.1Ω/km(=$10^{-6}$Ω/cm)인 초고압 송전선에 500A의 전류가 흐르는 경우를 생각해보겠습니다. 참새 다리 사이의 간격을 1cm라 하면, 참새 다리 사이의 송전선의 저항($R_{line}$)은 1μΩ(마이크로 옴)이고 여기에 100Ω의 참새가 병렬로 연결된 것으로 생각할 수 있습니다.

참새($R_{bird}$)와 참새 다리 사이의 송전선($R_{line}$)의 병렬 합성저항($R_{Total}$)은 0.9999μΩ으로 계산되므로 500A가 흐를 경우, 참새 다리 사이의 전위차는 0.4999mV로 계산됩니다. 따라서 참새 몸통으로는

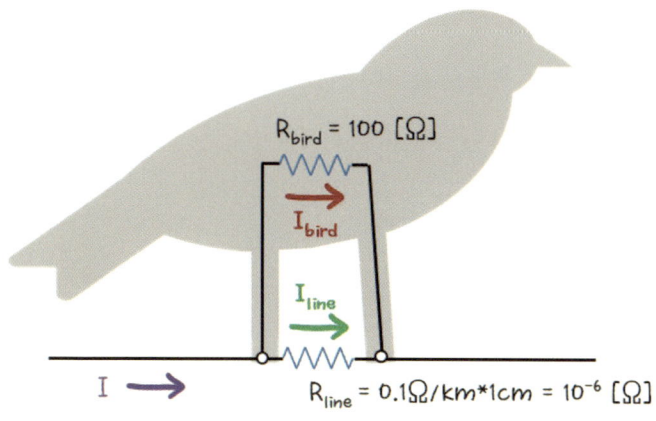

그림 6-4. 전선 위에 앉아 있는 참새에 대한 등가회로

0.00499mA (약 5μA)의 아주 미세한 전류가 흐르게 되고, 통상적으로 송전선의 선로 저항은 0.1Ω/km보다 작으므로 실제로 참새에 흐르는 전류는 더 작을 것입니다. 따라서 참새에는 전류가 흐르지 않는 것이 아니라, 매우 작은 크기의 전류가 흐르므로 느끼지 못하거나 생명에 지장을 주지 않을 뿐입니다. 전류 분배로 생각하더라도 참새의 저항이 선로의 저항에 비해 1억 배 크기 때문에 전체 전류의 1억 분의 1(정확히는 1/100,000,001)이 참새로 흐르고, 나머지는 전선을 따라 흐르게 됩니다. 참고로, 사람의 경우 1mA의 전류가 흐를 때, 전류의 흐름을 느끼게 되고, 10mA의 전류가 흐르면 극심한 고통을 느끼고, 100mA 이상의 전류가 흐르는 경우 사망에 이른다고 합니다.

결과적으로 참새가 앉아 있는 선로가 가공지선이나 피복선인 경우 그 자체만으로도 감전으로부터 안전하고, 나선 위에 앉아 있다 하더라도 참새가 느끼는 전류는 충분히 견딜 수 있을 정도로 낮은 수준이기 때문에 전선 위에 앉아 편안히 휴식을 취할 수 있는 겁니다.

일반인을 위한 생활 속 전기공학 지침서
# 슬기로운 전기생활

# 제 7 화
# 직류(DC)와 교류(AC) 그 첫 번째 이야기

# 제 7 화
# 직류(DC)와 교류(AC)
# 그 첫 번째 이야기

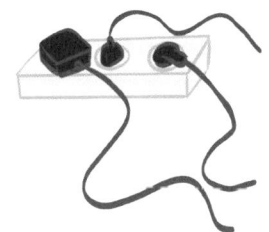

평소 직류와 교류에 대해서는 많이 들어봤으리라 생각됩니다. 그럼 그 차이는 무엇이고 우리가 사용하는 직류와 교류에는 어떤 것들이 있을까요?

먼저 용어에 대해 살펴보면, 직류는 영어로 Direct Current라 하고 줄여서 DC라고 부릅니다. 직류는 **전류의 크기와 방향이 시간에 따라 변하지 않고 항상 일정한 전류**를 말합니다. 이에 반해 교류는 Alternating Current이고 줄여서 AC라고 부르며, **시간에 따라 그 크기와 방향이 교**

번(규칙적으로 변함)하는 전류를 의미합니다.

여기에서 중요한 점은 직류(DC)와 교류(AC) 모두 기본적으로는 전류(Current)를 의미한다는 점입니다. 이는 전기를 만들고 사용하는 것의 본질이 전류(즉, 전하의 흐름)에 의한 것이기 때문입니다. 전하의 흐름을 전류라 하므로 직류(DC)는 전하의 흐름(방향과 크기)이 항상 일정하고, 교류(AC)는 전하의 흐름(방향과 크기)이 시간에 따라 변하는 전류라는 사실을 다시 한번 확인할 수 있습니다.

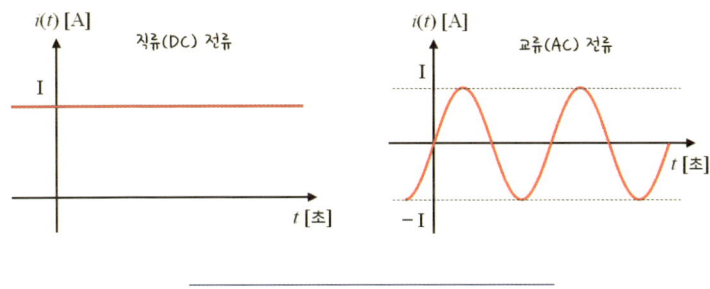

그림 7-1. 직류 전류와 교류 전류의 파형

위의 그림 7-1은 직류(DC)와 교류(AC) 전류의 시간에 대한 파형을 보여줍니다. 왼쪽 그림은 직류(DC) 전류의 파형으로 시간 t에 관계없이 I라는 일정한 크기를 가지며, 수학적으로는 **시간에 대한 상수함수**로 표현할 수 있습니다. 만일 '-I(음수)'인 경우는 I의 크기를 갖는 직류(DC) 전류가 반대 방향으로 흐름을 의미합니다. 오른쪽 그림은 최대값 I, 최소값 –I 사이를 주기적으로 반복하는 교류(AC) 전류의 파형을 보여주며, 수학적으로는 **사인함수 혹은 코사인함수**로 표현할 수 있습니다.

　그러면 어떻게 해야 항상 일정한 전류가 흐를 수 있을까요? 평소 우리가 직류와 교류에 대해 얘기할 때에는 주로 5V DC 혹은 220V AC 등 직류(DC) 전압과 교류(AC) 전압을 의미합니다. 실례로 우리가 많이 사용하는 AA(더블에이) 혹은 AAA(트리플에이) 건전지의 전압은 1.5V입니다. 즉, 건전지라는 장비는 (+)극과 (-)극 사이의 전위차를 항상 1.5V로 유지해주는 역할을 합니다. 자, 여기에 10Ω의 저항을 연결하면 어떻게 될까요? 우리가 예전에 다룬 옴의 법칙(I=V/R)을 적용해 보면 아래의 그림과 같이 화살표의 방향으로 0.15A의 전류가 계속 일정하게 흐르게 됩니다. 이렇게 흐르게 되는 전류가 바로 직류(DC) 전류입니다. 결과적으로 직류(DC)라고 하면 통상적으로는 직류(DC) 전압과 그로 인해 흐르게 되는 직류(DC) 전류를 동시에 의미하게 됩니다.

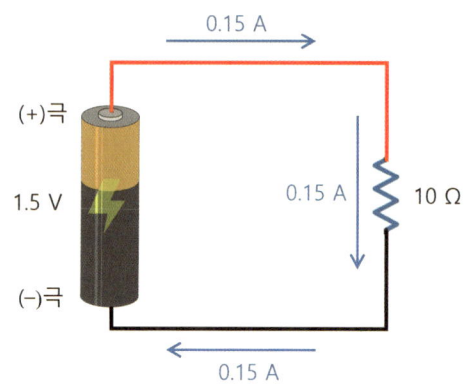

그림 7-2. 직류 전압원(건전지)에 의해 흐르는 직류 전류

우리 주위에서 직류(DC)를 사용하는 전기제품에는 어떤 것들이 있을까요? 위에서 건전지가 직류(DC) 전압을 공급한다고 했으니까 건전지를 사용하는 모든 제품들이 여기에 해당되겠지요? 예를 들어 TV 리모콘!! 우리 주위에서 쉽게 볼 수 있는 TV 리모콘 뒷면에 건전지를 끼우는 슬롯이 있습니다. 누구나 한 번 쯤 열어본 경험이 있으리라 생각됩니다만 혹시 건전지가 몇 개 들어가는지 기억하는지요? 보통은 2개의 AAA 건전지가 들어가는데, 이는 2개의 건전지가 직렬로 연결되어 TV리모콘 내부 회로를 3V(=1.5+1.5)의 전압으로 구동시키게 됩니다.

그럼 건전지에 대해 조금 더 알아보겠습니다. 위에서 설명했듯이 회로에서 건전지는 전압을 일정하게 공급해주는 장치로, 이를 가리켜 직류(DC) 전압원(Voltage Source)이라 합니다. 건전지라는 이름에서 뭔가 건조한 느낌을 감지하였나요? 전지(Battery)는 화학에너지를 전기에너지로 변환하는 장치를 통칭하며, 일반적인 전지는 양(+)극과 음(-)극으로 각각 망간산화물과 아연을 사용하고, 양극과 음극 사이에서 전하의 흐름을 원활하게 해주는 전해질이 들어가는데 액체 전해질(전해액)을 사용하는 경우 습식전지(Wet Cell)라 하고, 전해액을 섬유에 흡착시켜 흐르지 않게 한 것을 건전지(Dry Cell)라 부릅니다. 또 다른 분류로는 1차 전지와 2차 전지가 있는데, 우리가 흔히 사용하는 건전지는 한 번 사용하면 다시는 사용할 수 없는 1차 전지로, 망간 건전지, 알칼리 건전지, 수은전지 등이 이에 해당됩니다. 이에 반해 2차 전지는 충전을 통해 여러 번 사용할 수 있는 충전지(Rechargeable Battery)를 의미합니다.

자 그럼 우리가 자주 사용하는 건전지를 더 살펴보겠습니다. 가장 많이 사용하는 건전지는 AA와 AAA입니다. 두 종류의 차이는 무엇일까요? 그렇죠. 당연히 크기의 차이!! 크기가 클수록 화학반응을 일으키는 물질이 더 많을 테니 더 오래 쓸 수 있겠지요? 즉, 더 큰 용량 혹은 에너지를 지닌다고 생각하면 됩니다. 그 외에 덩치가 좀 더 큰 원통형의 건전지가 있지요? 크기에 따라 C형과 D형(가장 큰 원통형 건전지)이 있는데 이 역시 크기가 클수록 더 큰 에너지를 지니므로 같은 회로(같은 전류를 사용 시)에서 더 오래 사용할 수 있습니다. 알카라인 건전지의 경우, AAA 타입(약 1.4Wh)을 기준으로 AA 타입(약 3.4Wh)은 약 2.5배, C 타입(약 10Wh)은 약 7배, D 타입(약 20Wh)은 약 15배 정도 오래 사용할 수 있다고 합니다. 여기에 사용된 와트시(Wh)라는 에너지 단위는 다음에 <전력과 전력량>을 다룰 때 더 자세히 살펴볼 예정입니다.

AA 혹은 AAA 건전지의 겉표면에 적힌 글씨를 읽어보면(너무 작아서 잘 안 보이긴 합니다만) 1.5V, LR03(LR06) 혹은 R03(R06)이라 적혀있습니다. 여기에서 1.5V는 사용전압을, LR과 R은 각각 알카라인 건전지와 망간 건전지를 의미하고 03은 AAA 타입, 06은 AA 타입을 의미합니다. 결과적으로 AA와 AAA, C, D 타입은 건전지의 규격화된 사이즈에 따른 분류입니다.

그림 7-3. 건전지의 규격

　위에서 살펴본 원통형 건전지 이외에 네모난 형태의 9V 전지와 납작한 모양의 단추형 전지(Button Cell)가 있습니다. 사각형의 9V 건전지는 주로 알카라인 9V 건전지(6LR61)로, 1.5V 건전지를 6개 직렬로 연결해서 사용하는 것과 같습니다. 동전 모양의 단추형 전지는 우리가 흔히 수은전지라 부르는데, 이는 개발 초기에 수은으로 만든 단추형 전지가 많이 사용되어 붙여진 이름이나 중금속인 수은의 위험성으로 인해 현재는 사용되지 않고 있습니다. 단추형 전지 역시 사이즈에 따라 호환 여부가 결정되며, 성분에 따라 LR(알카라인)과 SR(산화은), CR(리튬-이산화망간) 등의 코드로 표시됩니다. 우리가 많이 사용하는 단추형 전지에는 CR2032가 있는데 이는 리튬-이산화망간 건전지로 그 지름이 20mm이고, 두께가 3.2mm임을 의미합니다. LR44의 경우, LR1154와 호환되며 지름이 11mm, 두께가 5.4mm로 크기는 더 작고 두꺼운 형태의 단추형 전지입니다. 위에서 살펴본 원통형 건전지의 경우 그 타입(사이즈)에 따라 호환 여부를 쉽게 알 수 있지만, 단추형 전지의 경우에는 나라별, 규격별로 매우 다양한 코드를 사용하고 있으므로 구입 시 반드시 호환 가능한 모델을 확인해야 합니다.

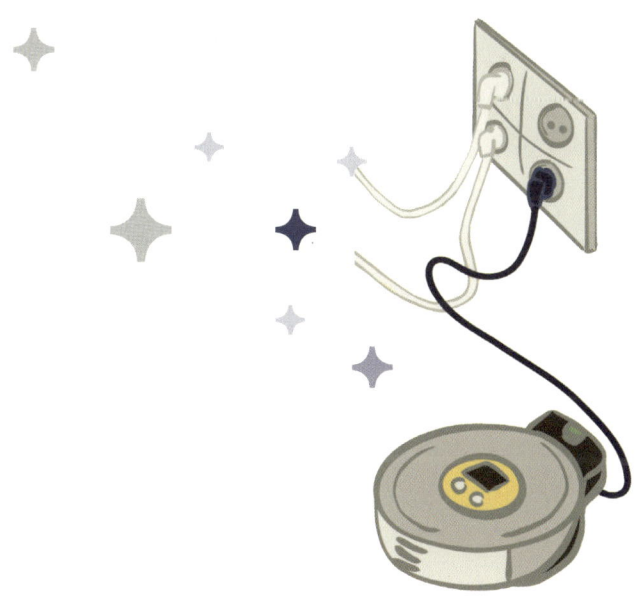

일반인을 위한 생활 속 전기공학 지침서
# 슬기로운 전기생활

# 제 8 화
# 직류(DC)와 교류(AC)
# 그 두 번째 이야기

# 제 8 화
# 직류(DC)와 교류(AC) 그 두 번째 이야기

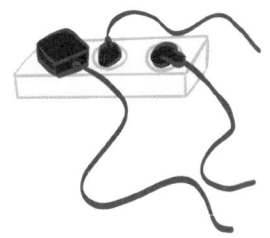

지난 화에서는 직류(DC)란 시간에 지나도 그 크기와 방향이 변하지 않는 전류와 전압을 의미한다는 사실과, 우리에게 친숙한 직류전압원의 한 종류인 건전지를 통해 회로에서 크기와 방향이 일정한 DC전류가 흐르게 되는 원리를 살펴보았습니다. 이번에는 직류(DC)에 이어서, 교류(AC)에 대해 알아보겠습니다.

교류는 Alternating Current라 하고 줄여서 AC라 부릅니다. 직류(DC)와는 달리 **시간에 따라 크기와 방향이 규칙적으로 변하는 전류** 혹은 **시간에 따라 양극과 음극 간의 전위차(부호와 크기)가 변하는 전압**을 의미합니다. 전기에 대한 여러 물리량 중에서 우리에게 가장 익숙한 숫자...220[V(볼트)]!!! 우리가 매일 사용하는 220[V] 전압이 바로 교류(AC)전압입니다. 미국의 경우에는 120[V]의 교류전압을, 유럽의 경우에는 230[V]의 교류전압을 사용하는 등 각 나라마다 배전급(우리가 전기를 사용하는 레벨)의 공칭전압에는 다소 차이가 있습니다만 크게는 100[V] 수준(110[V] 혹은 120[V])과 200[V] 수준(220[V] 혹은 230[V])이 많이 사용됩니다. 하지만 처음부터 각 국가별, 대륙별로 다른 전압대를 사용한 것은 아닙니다. 2차 세계대전 이후 산업화가 본격화되고 전기 사용이 크게 늘어나는 과정에서 200[V]대로 승압 과정을 거치게 된 나라가 있는 반면, 미국, 일본과 같이 폭발적인 경제 성장으로 인해 100[V] 전압을 공급하기 위한 배전 설비들이 이미 국가 전반에 걸쳐 널리 퍼지는 바람에 승압을 위한 설비 교체의 경제적 부담이 너무 커서 승압 시기를 놓친 나라들도 있습니다. 혹시 여러분들도 우리나라의 배전 전압이 1980년대까지 110[V]였다는 사실을 알고 계시나요?

자 그러면 우리가 익히 알고 있는 220[V]의 실제 파형은 어떤 모습일까요?

그림 8-1과 같이 **최대 311[V], 최소 −311[V] 사이에서 똑같이 생긴 파형이 1초에 60번 반복되는 사인함수**가 바로 220[V] 전압의 파형입니다.

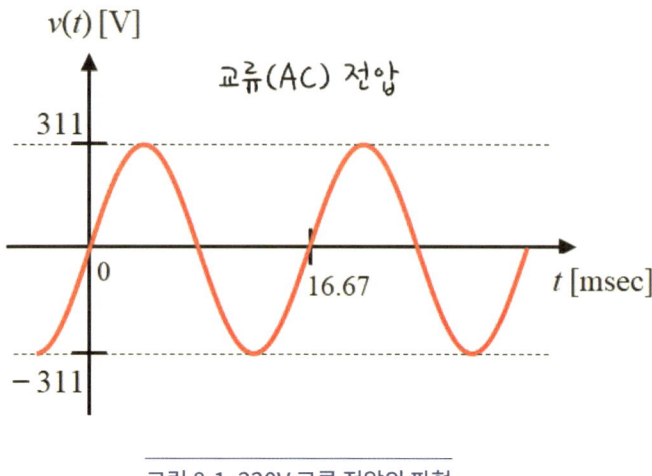

그림 8-1. 220V 교류 전압의 파형

그런데 파형을 아무리 살펴봐도 220이라는 숫자와 관련이 있어 보이는 건 찾기 어렵죠? 그럼 왜 이런 모양의 전압파형을 보고 220[V]라고 하는 걸까요?

앞서 얘기했다시피 직류(DC)는 항상 그 값이 일정하므로 딱 집어서 그 값으로 부르면 되는데, 교류(AC)는 전압이든 전류든 시간에 따라 항상 그 값이 변하기 때문에 어떤 하나의 값으로 말하기 어렵습니다. 이를 명확히 이해하기 위해서는 교류(AC)의 수학적 특성을 이해할 필요가 있습니다.

교류(AC)전압을 수학적으로 규정하기 위해서는 두 가지의 정보가 필요합니다. 그 중 하나가 **전압의 크기**이며, 나머지 하나가 바로 **주파수**(헤르츠[Hz] 단위)라는 정보입니다. 주파수(frequency)는 1초 동안에 똑같은 파형이 몇 번 반복되는지에 대한 정보입니다. 동일한 파형이 1초에 60번 반복되는 경우, 이 주기신호의 주파수(f)를 60[Hz]라 합니다. 그럼 이 경우, 파형이 한 번 반복될 때까지는 몇 초가 걸릴까요? 1초에 60번이 반복되므로 한 번 반복될 때까지는 60분의 1초(약 16.67msec)가 걸리겠죠? 이를 주기(period)라 하고 T로 표시합니다. 결국 주파수(f)와 주기(T)는 역수의 관계를 갖습니다. 따라서 위의 그림에서 16.67msec가 바로 주기(T)에 해당하는 값입니다.

우리나라의 전압이 **220[V], 60[Hz]**라는 사실은 많이 알고 있으리라 생각됩니다. 앞서 전압대는 100[V]수준과 200[V]수준 2개의 배전 전압대가 사용되며 국가별로 실제 배전전압은 100, 110, 120, 220, 230, 250[V] 등 매우 다양합니다. 하지만 주파수는 50[Hz]와 60[Hz]로만 구분됩니다. 우리나라를 포함해서 미국, 캐나다, 중미 등의 아메리카 대륙의 나라들은 60[Hz] 주파수를 사용하고, 유럽 대륙을 중심으로 아시아, 아프리카 대륙의 많은 나라들은 50[Hz] 주파수를 사용하고 있습니다. 일본 등 극히 일부 국가에서는 50[Hz]와 60[Hz] 주파수를 혼용하기도 합니다. 이는 초기 발전기가 주로 50[Hz]의 유럽제품과 60[Hz]의 미국제품으로 양분되어, 유럽의 영향을 받은 나라는 50[Hz]를, 미국의 영향을 받은 나라는 60[Hz]를 사용하게 되었습니다. 또한 각 나라들은 부족한 전력공급을 원활히 하기 위해 인근 나라들과 전력계통을 연계하여 사용하고 있는데, 주파수가 같아야 계통연계가 가능합니다. (물론 인버터 설비를 사용하여 이종 주파수 계통을 연계할 수 있습니다.) 하지만 우리나라는 매우 특이하게도 50[Hz]를 사용하는 아시아의 다른 나라들과는 달리 60[Hz]를 사용하고 있는데, 이는 625 전쟁 이후 기반 시설의 복구와 산업화가 주로 미국의 원조를 통해 이뤄졌으며, 북한과의 대치 상황이 지속되면서 지리적으로는 아시아 대륙에 붙어있지만 계통적으로는 북한으로 인해 분리되어 있는 섬구조의 독립계통으로 만들어져 있기 때문입니다.

그럼 주파수가 왜 생기는 걸까요? 그 이유는 바로 우리가 사용하는 전기가 주로 회전기에 의해 교류(AC)로 만들어지기 때문입니다. 회전기는 화력, 원자력, 풍력, 수력과 같이 어떤 힘을 이용하여 터빈을 회전시키고 그 터빈에 발전기를 연결해서 발전기를 회전시킴으로써 전기를 발생시키는 설비를 의미합니다. 예를 들어 화력발전소에서는 석탄, 석유, LNG 등의 화석연료를 연소시켜 물을 끓이고, 이 때 발생하는 고압의 증기로 터빈의 블레이드(선풍기의 날개와 같이 생긴)를 돌림으로써 발전기를 회전시켜 전기를 만들게 됩니다. 반면에 원자력발전은 물을 끓이는 에너지원으로 화석연료 대신 우라늄의 핵분열 에너지를 이용한다는 것만 다르고 그 이후의 과정은 화력발전과 동일한 과정으로 전기를 만들어 냅니다.

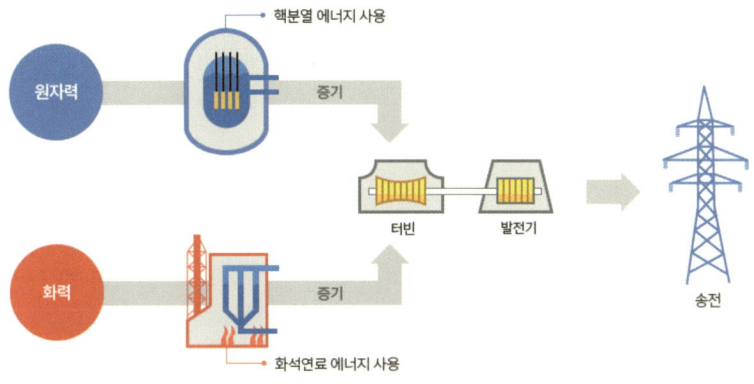

그림 8-2. 회전기(터빈)에 의한 발전 과정(출처 : 한전원자력연료 홈페이지)

따라서 증기를 가지고 터빈의 블레이드를 어떤 속도로 돌려주느냐에 따라 주파수가 결정되며, 60[Hz]의 전압 신호를 만들기 위해서는 분당 3,600 바퀴의 속도로 터빈의 블레이드를 돌려주면 됩니다. 우리는 이런 회전 속도를 3,600 rpm(revolution per minute, 분당 회전수)이라 합니다.

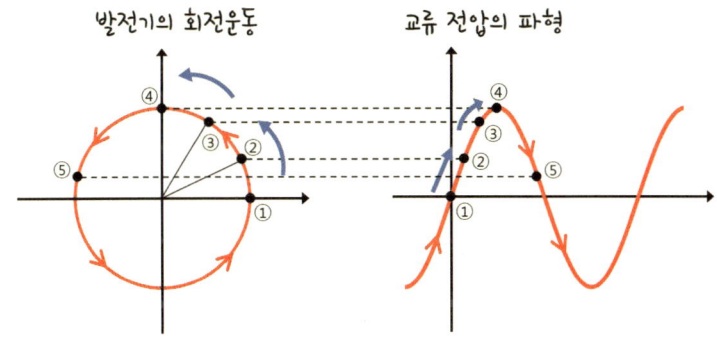

그림 8-3. 회전기(터빈)의 회전에 의한 교류 전압의 생성

여기에서 발전기의 회전으로부터 교류 전압이 만들어지는 원리를 간단히 살펴보면, 발전기의 축이 회전하면서 자기장 역시 같은 속도로 회전하게 되고, 이 회전에 의해 외부에 고정된 전기자 코일과의 각도가 계속 변하면서 사인함수 형태의 교류 전압이 유도됩니다. (발전기의 구성요소에 대해 더 이상 들어가면 어려울 거 같아서 쉽게 설명하려다 보니...)

위의 왼쪽 그림에서 발전기가 16.67msec마다 1바퀴를 회전한다고 생각하면, 같은 속도로 60번 회전 시 1초가 소요됩니다. ①번 위치는 자기장과 전기자 코일 간의 각도가 0도인 경우로 이 때는 힘을 받지 못해 0[V]가 유도되며, 회전하면서 ②번, ③번 위치를 지나 ④번 위치에 도달하게 됩니다. 이 때 자기장과 전기자 코일 간의 각도가 90도인 경우로 가장 큰 힘을 받게 되어 최대 전압이 발생합니다. 그럼 ①번 위치에서 ④번 위치에 도달할 때까지 걸린 시간은 몇 초일까요? 한 바퀴에 1/60초이고, ④번 위치는 1/4바퀴에 해당되므로 1/240초입니다.

자, 이제 본격적으로 220라는 값을 찾아낼 준비가 끝났습니다.

일반인을 위한 생활 속 전기공학 지침서
# 슬기로운 전기생활

# 제 9 화
# 직류(DC)와 교류(AC) 그 세 번째 이야기

# 제 9 화
# 직류(DC)와 교류(AC) 그 세 번째 이야기

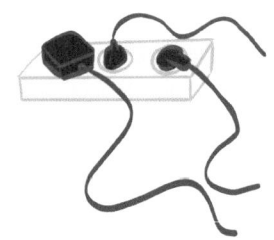

　전압의 크기를 규정할 때에는 주로 2가지의 수치가 사용됩니다. 하나는 **최댓값**이고, 또 다른 하나는 **실횻값**이라는 수치입니다. 여기에서 많은 분들이 궁금해하는 한 가지 사실을 확실히 짚고 넘어가겠습니다. 실횻값이냐? 실효값이냐? 혹은 실횻치냐? 실효치냐? 이 궁금증은 국립국어원의 상담 사례에도 올라와 있을 정도로 전기공학을 전공하는 사람이라면 누구나 한 번쯤은 고민해봤을 법한 문제입니다. 한글 표기법에 대한 공식적인 설명에 따르면, 한자+한글(實效+값) 조합의 합성어인 경우에는 'ㅅ'을 추가하고, 한자+한자(實效+値) 조합의 합성어인 경

우에는 'ㅅ' 없이 사용해야 한다고 합니다. 따라서 **실횻값(實效값)**과 **실효치(實效値)**가 올바른 표기입니다.

다시 원래의 문제로 돌아가서, 최댓값(maximum value)은 파형의 크기 중 가장 큰 값을 의미하며, 실횻값은 실질적인 효과를 나타내는 값으로 유횻값(effective value)이라고도 합니다. 최댓값은 알겠는데 아직도 실횻값에 대해서는 명확하지 않죠. 실질적인 효과가 과연 무엇이길래? 실질적인 효과란 결과적으로 말하면 에너지(혹은 일)에 대한 이야기이고, 이는 곧 시구간에 대한 시간함수 파형의 면적을 의미합니다. 임의의 구간에 대한 함수의 면적을 구하는 연산이 바로 정적분이죠. 따라서 이제 예전에 배웠던 수학이 필요한 시점이 되었습니다.

우리가 평소 110[V] 혹은 220[V]라 부르는 전압이 바로 **교류 전압의 실횻값(실효치)**입니다. 전압 신호의 실횻값에 대한 수학적인 정의는 다음과 같습니다.

$$V_{rms} = \sqrt{\frac{1}{T}\int_0^T v^2(t)dt} \quad \text{식 (9-1)}$$

여기에서 v(t)는 전압의 시간함수로서, 앞 시간에 언급했던 바와 같이 회전기에 의해 만들어진 교류전압은 수학적으로 사인함수 혹은 코사인함수로 표현됩니다.

수학식에 대한 거부감을 느끼는 분들이 많이 있을 텐데, 그 원리를 이해하면 그리 어렵지 않습니다. 실횻값을 영어로는 RMS라고 합니다. 이는 Root-Mean-Square의 줄임말로서 뒤에서부터 해석하면 '제곱(square)의 평균(mean)을 구하고 마지막에 제곱근(root)를 취하라.'는 의미입니다. 위의 식에서 보면 제곱과 루트는 보이는데 평균을 구하는 식이 눈에 띄지 않고 그 대신 정적분식이 보입니다. 정적분은 적분구간에서 함수의 면적을 구하는 식이므로, 아래의 그림 9-1에서 정적분을 통해 하늘색의 면적(S)을 계산할 수 있습니다. 이 때, 밑변의 길이(b-a)를 공유하면서 면적이 같은 직사각형을 생각해보면 이 직사각형의 높이가 a와 b 사이에서 함수값의 평균(mean)에 해당됩니다.

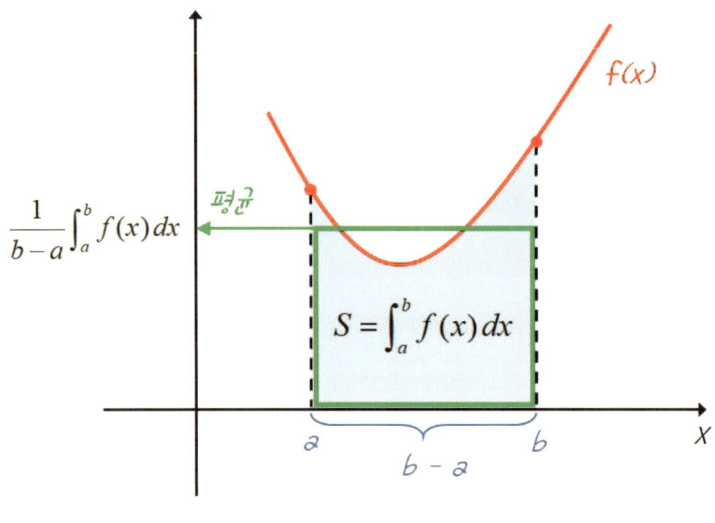

그림 9-1. 정적분을 이용한 평균값의 계산

그런데 왜 제곱에 대한 평균을 구할까요? 원래 교류(AC) 전압의 파형을 아래와 같이 다시 살펴보면, 그림 9-2에서 한 주기는 16.67msec이므로 1주기에 해당하는 파형은 ①과 ②를 합한 부분입니다. 이 부분에 대해 정적분을 수행하면(즉, ①과 ②를 합한 부분의 면적을 구하면), ①부분과 ②부분의 면적은 같으나 부호가 반대이므로 면적의 합은 '0'이 됩니다. 따라서 제곱을 취해줌으로써 음(-)의 부분을 양(+)으로 만들어 줍니다.

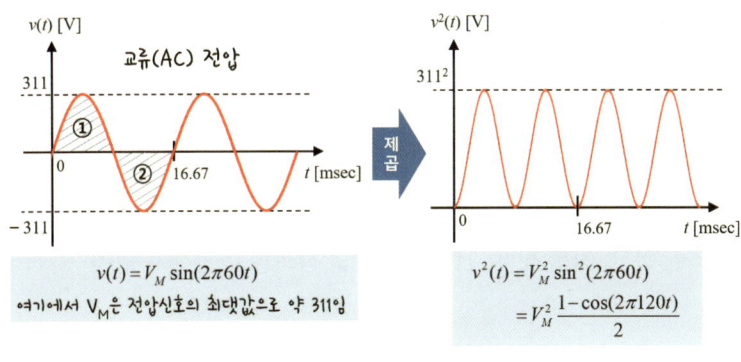

그림 9-2. 교류 전압에 대한 제곱의 효과

전압 신호를 최대 311[V], 최소 −311[V] 사이에서 1초에 60번 반복되는 사인함수로 표현하면 v(t)=$V_M$sin(2πft) (여기에서 $V_M$=311, f=60)이고, 이 식을 위의 식 (9-1)에 대입하여 계산해보면

$$V_{rms} = \sqrt{\frac{1}{T}\int_0^T v^2(t)dt} = \sqrt{\frac{1}{T}\int_0^T V_M^2 \sin^2(2\pi ft)dt}$$

$$= V_M\sqrt{\frac{1}{T}\int_0^T \frac{1-\cos(4\pi ft)}{2}dt} = \frac{V_M}{\sqrt{2}} \quad \text{식 (9-2)}$$

이므로 해당 전압의 실횻값은 최댓값($V_M$=311)을 $\sqrt{2}$로 나눈 220으로 결정됩니다.

여기에서 중요한 것은 위의 관계는 완벽한 정현파(sinusoidal) 형태 즉, 사인함수 혹은 코사인함수의 파형에만 해당된다는 사실입니다. 만일 전압의 크기가 $V_M$으로 일정한 직류(DC) 전압을 식으로 표현하면 $v(t)=V_M$이고, 이를 식 (9-1)의 실횻값의 정의를 이용해서 풀면

$$V_{rms} = \sqrt{\frac{1}{T}\int_0^T v^2(t)dt} = \sqrt{\frac{1}{T}\int_0^T V_M^2 dt} = V_M \quad \text{식 (9-3)}$$

으로 직류(DC)의 경우에는 최댓값과 실횻값이 같습니다. 결과적으로 신호의 실횻값은 그 신호 파형에 따라 달라지므로 식 (9-2)의 결과만 보고, 모든 신호에 대해서 그 실횻값을 구하기 위해서 최댓값을 $\sqrt{2}$로 나누는 실수를 범하지 않도록 주의하시기 바랍니다.

물론 실제로 집 안에 있는 콘센트를 통해 측정한 실제의 전압 파형은 아래 그림 9-3의 파란색 파형과 같이 완벽한 사인함수(혹은 코사인함수)와는 약간 다른 모양을 갖게 되는데, 이는 우리가 집에서 혹은 사무실에서 많이 사용하는 컴퓨터, 복사기, 형광등 등의 여러 전기제품들로 인해 고조파(harmonics)라는 전력품질 외란(power quality disturbance)이 발생하면서 전압의 파형을 왜곡시키기 때문입니다.

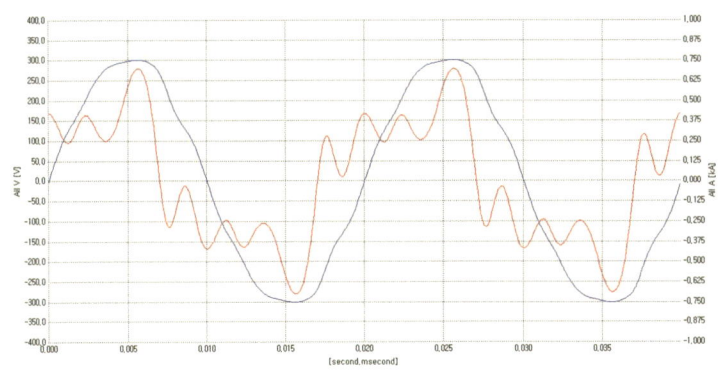

그림 9-3. 실제로 측정된 220V 교류 전압의 파형(파란색)

우리가 노트북을 사용하기 위해 혹은 핸드폰을 충전하기 위해 충전기의 플러그를 콘센트에 꽂는 순간, 220V의 실효치를 갖는 60Hz 교류전압이 충전기에 인가되게 됩니다. 그렇다면 우리가 사용하는 전자제품들은 교류전압으로 동작하는 제품일까요? 그렇지 않습니다. 우리가 가정에서 사용하는 대부분의 가전제품들은 직류(DC)로 동작합니다. 그러면 중간에 교류(AC)를 직류(DC)로 바꿔주는 장비가 있겠지요? 그런 역할을 하는 장비가 바로 어댑터(adaptor)라 부르는 장비이며, 100~240V 사이의 교류(AC) 전압을 입력받아, 5~20V 정도의 직류(DC) 전압으로 변환해주는 역할을 합니다.

그림 9-4. 교류 전압을 직류 전압으로 변환하는 전력변환장치(어댑터)

　내부적으로는 강압(입력전압보다 출력전압이 낮은 경우)용 변압기와 다이오드 브릿지 정류기, 평활용 커패시터로 구성되어 있습니다. 먼저 강압용 변압기를 통해 220V의 교류 입력전압을 최댓값 5~20V를 갖는 교류전압으로 낮춘 후, 정류기를 통해 음의 전압부분을 양의 전압부분으로 변환하여, 마치 절대값을 취한 효과를 냅니다. 그 후 평활용 커패시터를 거침으로써 최종적으로 아래 그림 9-5의 파란색 직류 형태(직선과 유사한 형태)의 전압 파형을 만들게 됩니다. 이렇게 완벽한 직류(DC)의 형태는 아니지만 에너지 측면(즉, 파형의 면적)에서 직류와 매우 유사한 전압을 만들어 노트북, 충전기 등의 전자제품에서 사용됩니다.

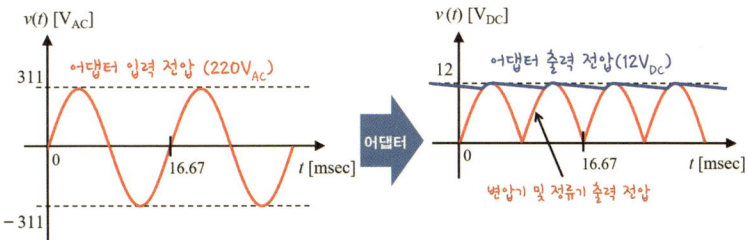

그림 9-5. 어댑터의 입력전압과 출력전압의 파형

일반인을 위한 생활 속 전기공학 지침서
## 슬기로운 전기생활

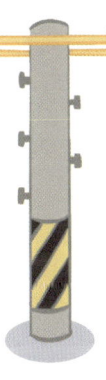

# 제 10 화
# Power vs. Energy
## (1) 전력의 소비와 공급

# 제 10 화
# Power vs. Energy
## (1) 전력의 소비와 공급

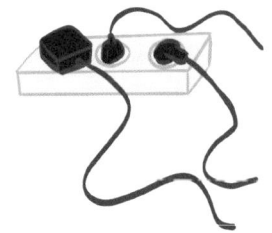

파워(power)와 에너지(energy), 평소에 자주 듣고 사용하는 단어입니다. 하지만 두 단어의 차이를 정확히 설명할 수 있는 사람은 많지 않을 겁니다. 파워와 에너지는 물리학은 물론 신호처리이론, 전기이론 등 여러 학문에서 다뤄지는 개념으로 그 접근방식은 약간 달라 보이지만 결과적으로는 시간을 매개로 한 관계로 정리할 수 있습니다.

전기에서는 **파워(power)**를 일컬어 '**전력(電力)**'이라 하고 W(와트) 단위를 사용합니다. 물리에서는 '**일률(一率)**'이라 하고 J/s(주울/초) 단위를 사용합니다. 이에 반해 **에너지(energy)**는 '**전력량(電力量)**'이라 하고 Wh(와트시) 단위를 사용하며, 물리학에서는 '**일**' 혹은 '**에너지**'라 하고(즉, 물리학 특히 역학의 관점에서 '일은 곧 에너지'이다!) J(주울) 단위를 사용합니다.

단위만로도 두 물리량의 관계를 쉽게 확인할 수 있는데 파워(전력과 일률)라는 물리량의 단위로 W와 J/s이 사용되므로 두 단위의 차원은 동일합니다. 여기에서 J/s 단위는 단위 시간(1초, 1second, 1s)에 한 일(J)의 양(혹은 시간의 변화량과 일의 변화량의 비율 = 평균변화율)이 얼마인지를 의미합니다. 또한, 에너지(전력량과 일)라는 물리량의 단위로는 Wh와 J이 사용되므로 두 차원은 동일하고, Wh라는 단위는 전력(W)과 시간(1시간, 1hour, 1h)을 곱한 면적(정적분)이 얼마인지를 의미합니다. 결과적으로 말하면, 전기에서는 파워(전력[W])를 기준으로 적분연산을 통해 에너지(전력량[Wh])를 계산하고, 물리에서는 에너지(일[J])를 기준으로 미분연산을 통해 파워(일률[J/s])를 구하게 됩니다. 열에너지의 경우, cal(칼로리) 단위의 에너지를 기준으로 단위 시간(1h)에 대한 칼로리의 변화량을 표현하는 cal/h 단위의 파워를 사용합니다.

전기에서 말하는 **전력**에 대해 좀 더 자세히 살펴보겠습니다. 전력을 이해하기 위해서는 먼저 '**전력의 공급과 소비**'를 구분해야 합니다. 이해를 돕기 위해 제 7 화에서 다룬 적이 있는 간단한 DC(직류) 회로를 다시 살펴보겠습니다. 1.5V 건전지와 10Ω 저항을 그림과 같이 연결하면 시계 방향으로 0.15A의 DC 전류(I=V/R)가 흐르게 됩니다. 전력은 각 회로 소자에 대해 생각해야 합니다. 전선의 저항을 무시하면 이 회로에는 두 개의 소자로 구성되어 있습니다. 하나는 건전지, 나머지 하나는 저항입니다.

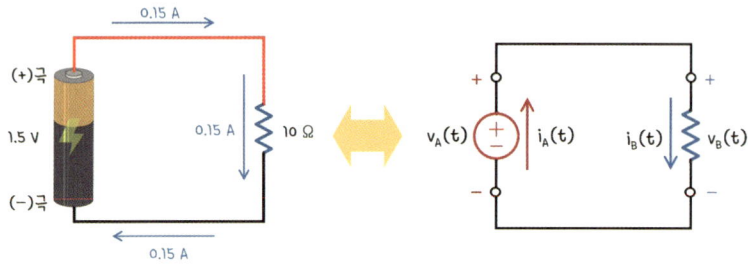

그림 10-1. 전기회로의 표현

건전지 양 단의 전위차는 $v_A(t)$ = 1.5[V]이고(즉, 위쪽 단자가 아래쪽 단자에 비해 1.5[V]만큼 높고), 아래에서 위 방향으로 $i_A(t)$ = 0.15[A]의 전류가 흐릅니다. 저항 양 단의 전위차는 $v_B(t)$ = 1.5[V](즉, 위쪽 단자가 아래쪽 단자에 비해 1.5[V]만큼 높고), 위에서 아래 방향으로 $i_B(t)$ = 0.15[A]의 전류가 흐르고 있습니다.

이제 전력을 공급하는 측과 소비하는 측을 구분해야 하겠죠? 전기회로에서 전력의 공급과 소비를 구분하는 기준을 **수동부호규약(passive sign convention)**이라 합니다. 수동부호규약에 따르면, 전력을 소비하는 것을 기준으로 회로 소자의 내부에서 (+)극에서 (-)극의 방향으로 전류가 흐르도록 정한 후, 전압과 전류의 곱으로 전력을 계산했을 때, 그 값이 양수(>0)이면 전력을 소비하고, 음수(<0)이면 전력을 공급하는 것으로 정합니다. 수동부호규약에 대한 또 다른 해석으로, **회로 소자의 전위차와 전류 방향에 대해 소자 내부적으로 봤을 때 (+)극에서 (-)극으로 전류가 흐르면 전력을 공급하고, (-)극에서 (+)극으로 전류가 흐르면 전력을 소비한다**고 정하면 됩니다. 따라서 위의 그림에서 건전지는 내부적으로 전류가 (-)극에서 (+)극으로 흐르므로 전력을 공급하는 역할을 하고, 저항은 내부적으로 전류가 (+)극에서 (-)극으로 흐르므로 전력을 소비하는 역할을 하게 됩니다.

자 그러면 이 저항에서 소비하는 전력은 얼마일까요? 임의의 시간 t라는 시점에서 저항이 소비하는 전력을 **순간전력(instantaneous power), p(t)**라 하며 그 시점에서의 저항 양 단의 전압, $v_B(t)$과 저항에 흐르는 전류, $i_B(t)$의 곱으로 계산할 수 있습니다. [그림 10-1]

$$p_B(t) = v_B(t) \cdot i_B(t) \ [W] \qquad \text{식 (10-1)}$$

DC 회로인 경우, 전압과 전류가 상수(constant)이므로 $v_B(t) = V$, $i_B(t) = I$라 하면,

$$p_B(t) = V \cdot I = V^2/R = I^2 \cdot R = P \ [W] \qquad \text{식 (10-2)}$$

가 되고, 순간전력 역시 상수로 결정되어 일정한 값을 갖게 됩니다. 결과적으로 DC회로에서 전력은 전압과 전류의 곱인 상수(P)로 계산됩니다.

만일 AC 회로인 경우, 전압과 전류가 시간에 따라 주기적으로 변하게 되므로, 매 순간 그 크기가 바뀌게 됩니다.

$$v_B(t) = V_M \sin(2\pi ft + \theta_v) \ [V] \quad \text{식 (10-3)}$$

$$i_B(t) = I_M \sin(2\pi ft + \theta_i) \ [A] \quad \text{식 (10-4)}$$

여기에서 $V_M$과 $I_M$은 전압과 전류의 최댓값으로, 순수 정현파인 경우 실횻값의 $\sqrt{2}$배에 해당하는 값이고, f는 계통주파수로 우리나라의 경우 60[Hz]입니다. 위의 식 (10-3)과 (10-4)에서 중요한 것이 $\theta_v$와 $\theta_i$인데 이 값은 전압과 전류의 위상각(°, 도)을 의미합니다. 저항의 경우, 전압과 전류의 위상각이 항상 같아 $\theta_v = \theta_i = 0°$ (기준)로 표현할 수 있으므로 편의상 수용가를 저항으로 생각하면,

$$v_B(t) = V_{RMS}\sqrt{2} \sin(2\pi 60t) \ [V] \quad \text{식 (10-5)}$$

$$i_B(t) = I_{RMS}\sqrt{2} \sin(2\pi 60t) \ [A] \quad \text{식 (10-6)}$$

로 표현할 수 있고, 이 때, AC회로에서의 순간전력 $p_B(t)$을 구하면

$$p_B(t) = v_B(t) \cdot i_B(t)$$
$$= V_{RMS}\sqrt{2}\sin(2\pi 60 t) \cdot I_{RMS}\sqrt{2}\sin(2\pi 60 t)$$
$$= 2 V_{RMS} I_{RMS} \sin^2(2\pi 60 t) \ [W] \quad \text{식 (10-7)}$$

로 계산되어 결과적으로 AC회로에서의 소비되는 순간전력은 시간에 따라 변함을 확인할 수 있습니다. 따라서 식 (10-7)로부터 한 주기(T=1/f=1/60 초) 동안의 평균전력을 정적분으로 계산하면

$$P_B = \frac{1}{T}\int_0^T p_B(t)dt = \frac{1}{T}\int_0^T v_B(t)\, i_B(t)dt = \frac{2}{T} V_{RMS} I_{RMS} \int_0^T \sin^2(2\pi 60 t)dt$$
$$\text{식 (10-8)}$$

에서 $P_B = V_{RMS} \cdot I_{RMS}$ [W]의 결과를 얻을 수 있습니다. 이는 매우 흥미로운 결과입니다. DC 회로에서의 평균전력(상수이므로 순간전력과 평균전력은 동일함)이 식 (10-2)와 같이 전압과 전류의 곱(P=V·I)으로 표현되는데, AC 회로에서의 평균전력 역시 전압과 전류의 실횻값 간의 곱($P_B = V_{RMS} \cdot I_{RMS}$)으로 표현됨을 알려줍니다. 따라서 AC 회로에서 전압과 전류를 모두 실횻값의 단위로 사용한다면 소비전력[W]을 계산할 때 DC 회로처럼 단순하게 전압과 전류를 곱해서 계산할 수 있다는 결론에 도달하게 됩니다.

우리가 사용하는 가전제품의 소비전력은 위에서 계산한 평균전력

으로 계산됩니다. 수용가 부하의 임피던스의 성분에 따라 유도성 리액턴스 혹은 용량성 리액턴스가 포함되는 경우에는 전압과 전류의 위상각이 달라지면서 자연스럽게 유효전력[W]과 무효전력[var]이라는 개념이 나오게 되는데 이는 주로 송배전 계통에서 접하는 내용입니다. 우리 집에서 사용하는 부하의 경우 저항이 대부분이고 유도성 리액턴스가 약간 포함되어 있으나, 편의상 수용가를 저항 성분으로만 생각한다고 가정한 바 있습니다. 이 경우, 평균전력과 유효전력은 같은 값을 갖게 됩니다.

우리가 매일 사용하는 가전제품, 전기제품들에는 전기 사용에 관련된 여러 가지 정보가 주어집니다. 소위 우리가 그토록 사랑하는 스펙(specification)이라는 것이지요. 전자제품에 사용하는 스펙이라는 단어를 사람한테 사용하는 현실에 가슴이 아픕니다만...대표적인 전기제품인 에어컨의 예를 살펴보겠습니다.

전기제품의 사양정보는 옆면 혹은 뒷면에 부착된 '한국산업표준에 의한 표시' 혹은 제품 구입 시 제공되는 제품사양서, 제조사 홈페이지 등을 통해 확인할 수 있습니다. 예를 들어 우리집 에어컨의 소비전력이 정격 2,000W, 최소 300W인 경우를 생각해보겠습니다. 여기에서 정격 소비전력이란 전기제품을 장시간 안전하게 사용할 수 있는 적절한 수준의 전력을 의미하고, 최소 소비전력은 해당 제품의 동작에 필요한 최소전력을 의미합니다. 따라서 해당 에어컨이 정상적으로 작동하는 경우 2,000W의 전력을 소비한다는 의미이고, 위에서 소비전력은 전압실효치(220V)와 전류실효치의 곱으로 계산된다고 했으므로. 이 에어컨이 정상적으로 작동할 때에는 대략 2,000/220 = 9.09[A]의 전류가 필요하고, 최소 동작 시에는 300/220 = 1.36[A]의 전류가 필요하다는 의미입니다. 결과적으로 우리나라에서 사용하는 전압대가 220V로 일정하기 때문에 **소비전력은 부하(전기를 사용하는 기기나 수용가)에 흐르는 전류에 의해 결정**됩니다. 용량이 큰 전기제품일수록 소비전력이 크고, 소비전력이 클수록 더 많은 전류를 필요로 합니다.

정리하자면, 전기제품이 제대로 작동하기 위해서는 그만큼의 전력[W]을 소비해야 하고, 전력을 소비하기 위해서는 그에 해당하는 전류[A]가 필요합니다. 즉, 전기제품의 입장에서는 소비자가 원하는 출력을 정상적으로 내기 위해서는 그만큼의 전류를 당겨써야 합니다. 평소 우리가 자주 듣는 '**전기를 아끼자**'라고 하는 말은 곧 '**우리 집으로 흘러들어오는 전류의 양을 줄임으로써 소비전력을 줄이자**'라는 의미입니다!!!

일반인을 위한 생활 속 전기공학 지침서
# 슬기로운 전기생활

# 제 11 화
# Power vs. Energy

### (2) 우리 방에서 사용하는 전기제품의 소비전력

# 제 11 화
# Power vs. Energy
## (2) 우리 방에서 사용하는 전기제품의 소비전력

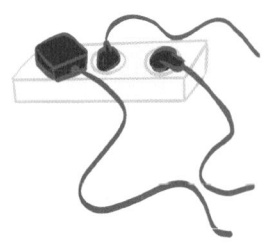

　평소 우리가 사용하는 가전제품들은 대부분 전기에너지를 사용합니다. 집에서 사용하는 가전제품에는 주방가전, 생활가전, 디지털가전 등이 있는데 그 중에서도 우리 방에서 사용하는 가전제품은 컴퓨터와 모바일기기 등 디지털가전이 주를 이루고 있습니다. 우리 방의 벽면에는 보통 2개의 2구 콘센트(플러그가 2개 결합되는 형태)가 위치해 있습니다. 이 경우, 다음의 그림 11-1과 같이 멀티탭을 통해 여러 가전제품에 전기를 공급하게 됩니다.

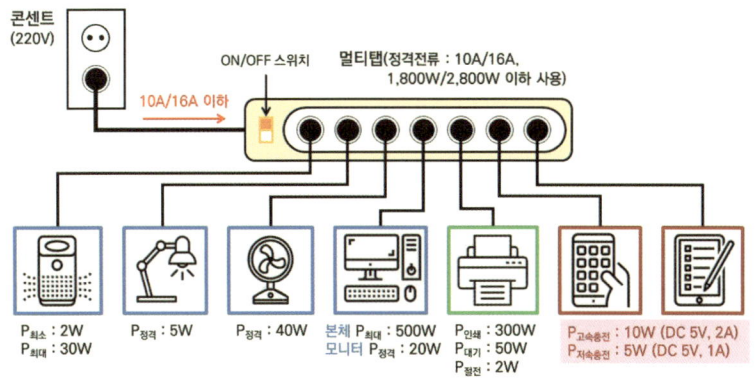

그림 11-1. 콘센트-멀티탭을 통한 전기제품의 사용의 예

    자, 여러분의 방, 특히 책상 밑에 먼지 덮인 채 널브러져 있는 멀티탭을 한 번 살펴봅시다. 멀티탭에는 공기청정기, 책상용 스탠드, 선풍기(계절가전), 컴퓨터, 모니터, 프린터기, 핸드폰, 태브릿PC 등 여러 전기제품이 그림 11-1과 같이 연결되어 있겠지요? 전기를 사용하는 전자제품 혹은 좀 더 큰 범위에서 전기사용자(수용가)를 우리는 전기부하(electric load) 혹은 간단히 부하(load)라고 합니다. 그림 11-1과 같이 멀티탭에 연결된 7개의 부하를 전기적 수요 특성에 따라 크게 3종류로 분류해 보았습니다. 먼저 파란색으로 분류된 제품은 일정 전력을 수 시간 이상 장시간으로 사용하는 부하입니다. 초록색의 경우, 평소 전원을 켜놓긴 하지만 실제로 작동하는 시간이 짧은 부하, 즉, 대기시간이 긴 부하입니다. 빨간색의 경우는 배터리를 충전하는 부하를 의미합니다. 파란색 부하와 어느 정도 유사하긴 합니다만 배터리의 용량과 잔량에 따

라 사용 시간이 달라지는 부하입니다. 이렇게 분류한 이유는 전기의 사용량(전력소비량)을 평가하는 데에 **시간**이 매우 중요한 요소로 작용하기 때문입니다.

각 전기제품들은 본연의 역할을 충실히 수행하기 위해서 전력을 소비해야 합니다. 전력을 소비한다는 의미는 **전류를 당겨 쓴다**는 이야기입니다. 그렇다면 소비전력을 결정하는 요소는 전류(A)가 되겠죠? 즉, 전력을 많이 소모하는 장비는 그만큼 많은 전류를 공급받아야 한다는 것을 의미합니다. 따라서 전기제품의 운전상태(동작상태)에 따라 소비전력이 달라지게 됩니다. 예를 들어 프린터의 경우, 평소 전원을 연결한 상태에서 오랜 시간을 방치하게 되면 프린터는 자체적으로 절전모드(sleep mode)로 진입하게 되어 최소한의 전력만을 소모하고, 위의 그림에서처럼 2W를 소모하게 됩니다. **2W를 소모(소비)한다는 의미는 220V 전압에서 약 0.0091A(=9.1mA)의 전류를 필요로 한다는 의미**입니다. 절전모드에서 대기모드로 전환되는 순간, 프린터는 명령에 즉각적으로 대응하기 위해 좀 더 분주해지겠지요? 그러면서 50W의 전력을 소비하게 되고, 이는 곧 약 0.227A(=227mA)의 전류를 필요로 한다는 의미입니다. 이 때, 주인(컴퓨터)으로부터 프린팅 명령이 떨어지게 되면 실제로 프린팅이 수행되면서 300W의 전력을 소비하게 되고, 이 때 약 1.364A의 전류가 흐르게 됩니다. 즉, **전기제품에서 소비하는 전력(W)이 증가할수록 전선(선로)에 흐르는 전류(A)는 증가하게 됩니다.**

그렇게 멀티탭에 연결된 전기제품들이 사용하는 전력이 해당 멀티탭의 정격용량을 초과하게 되면 멀티탭에 흐르는 전류가 증가하여 한계 전류에 도달하게 됩니다. 한계 전류 이상의 전류가 전선에 흐르면 열이 발생되고 그로 인해 전선의 피복이 녹아 결국에는 전선의 도체(+극과 –극)가 단락되는 합선(合線)으로 이어지게 됩니다. 이와 관련해서 <제 20 화 안전한 전기생활(1) - 합선, 누전 그리고 감전> 편에서 좀 더 자세히 살펴보겠습니다.

자 이제 7개 제품의 전원을 모두 OFF 시킨 상태에서 동시에 전원을 켜보도록 하겠습니다. 그러면 각 제품들은 본연의 역할을 충실히 수행하기 위해서 전력을 소비할 것이고, 전력을 소비하기 위해서 전류를 당겨쓰게 될 것입니다. 파란색으로 표시된 전자제품들이 최대전력 혹은 정격전력으로 전력을 소비한다고 가정하면 30 + 5 + 40 + 500 + 20 = 595[W]의 전력을 소비합니다. 그리고, 초록색으로 표시된 프린터는 대기전력(50W)을 소비하고, 빨간색으로 표시된 충전기를 통해 고속충전으로 핸드폰과 태블릿PC를 충전(20W)한다고 가정하면, 총 소비전력은 665[W]이고, 약 3[A]의 전류가 흐르게 됩니다.

그런데 여기서 중요한 점!! 모든 전기제품이 전력을 소비하지만, 각각의 제품별로 사용하는 시간이 다르다는 점!! 따라서 전력을 소비하는 시간을 고려하여 **전력량**을 계산하게 됩니다. **전력량은 에너지의 차원**

으로, **전력(W)과 시간(hour)을 곱한 Wh(와트시)의 단위를 사용**합니다. 만일 10[W]의 전력을 2시간[h] 동안 사용했다면 전력량은 20[Wh]로 계산되는 거죠. x-축을 시간[h]으로, y-축을 전력[W]으로 하는 그래프를 생각한다면 그 면적이 바로 전력량[Wh]입니다. 결국 전력량(에너지)은 시간에 대한 전력의 정적분으로 생각할 수 있습니다.

하루 동안 내 방에서 사용하는 전기제품의 전력사용량을 구하기 위해서 각 전기제품의 사용전력[W]과 사용시간[h]을 다음의 표 11-1과 같이 가정하겠습니다. 컴퓨터는 매 순간 사용전력이 바뀌므로 6시간 동안의 평균 사용전력을 사용하였습니다. 예를 들어 6시간 중 2시간은 150[W], 1시간은 300[W], 그리고 나머지 3시간은 400[W]를 사용하는 경우, 6시간 동안의 총 전력량은 2x150 + 1x300 + 4x300 = 1,800[Wh]가 되어 1시간 평균 300[W]로 산정한 것입니다.

이를 바탕으로 해당 콘센트에서 하루 동안 소비하는 전력의 총량(총 전력량)은 2,545[Wh] (=2.545[kWh])가 됩니다. 이렇게 우리 집에서 사용한 모든 전기제품의 전력량을 한 달 동안 합산하여 우리가 매달 납부하는 전기요금의 전력량이 결정됩니다.

표 11-1. 내 방 전기제품의 하루 전력사용량 정보

| 전기제품 | 운전모드 | 사용전력[W] | 사용시간[h] | 전력량[Wh] |
|---|---|---|---|---|
| 공기청정기 | 최소 | 2 | 00시 ~ 24시 (24시간) | 48 |
| 스탠드 | 정격 | 5 | 18시 ~ 24시 (6시간) | 30 |
| 선풍기 | 정격 | 40 | 00시 ~ 02시 (2시간)<br>18시 ~ 24시 (6시간) | 320 |
| 컴퓨터 | 평균 | 300 | 18시 ~ 24시 (6시간) | 1,800 |
| 모니터 | 정격 | 20 | 18시 ~ 24시 (6시간) | 120 |
| 프린터 | 절전 | 2 | 00시 ~ 23시 (23시간) | 46 |
| | 대기 | 50 | 23시 ~ 24시 (1시간) | 50 |
| 충전기 | 고속 | 10 | 18시 ~ 20시 (2시간) | 20 |
| | 저속 | 5 | 18시 ~ 22시 (4시간) | 20 |
| | | | 1일 총 전력량 [Wh] | 2,454 |

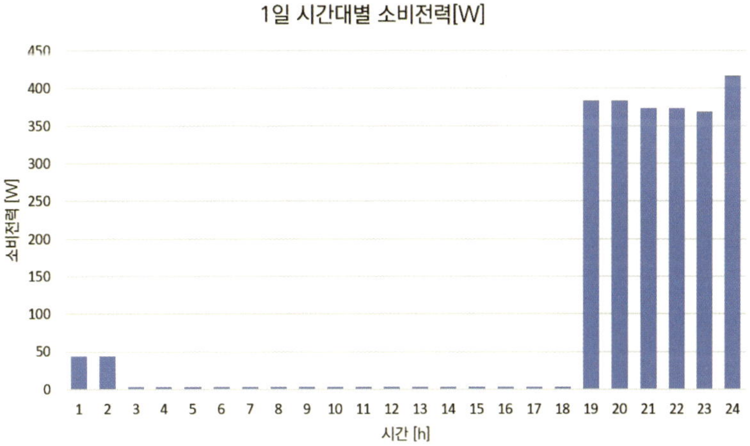

그림 11-2. 내 방의 하루 전력사용량 그래프

일반인을 위한 생활 속 전기공학 지침서
# 슬기로운 전기생활

# 제 12 화
# Power vs. Energy
### (3) 우리 집에서의 소비전력

# 제 12 화
# Power vs. Energy
## (3) 우리 집에서의 소비전력

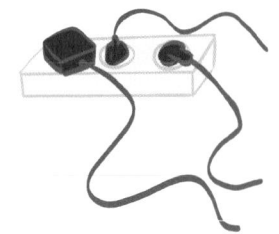

    지난 11화에서는 우리 방에서 사용하는 주요 전기제품과 1일 소비전력에 대해 살펴보았습니다. 이번 시간은 우리 방에서 시야를 조금 더 넓혀 우리 집에서 사용하는 소비전력을 알아보겠습니다.

    평일 아침, 이불을 박차고 일어나 화장실의 불을 켭니다. 진지하게 일을 보고 씻고 양치질을 하고 정신을 차린 뒤, 방의 불을 켜고 옷을 차려입고 출근 준비를 합니다. 현관에 가까워지면 모션 센서에 의해 현관 등이 켜지고, 대문을 나서면 잠시 후 등이 자동으로 꺼지면서 주인님이 다시 현관문을 열고 들어올 때만을 조용히 기다리겠지요? 그렇게 우리의 행동에는 항상 에너지의 소비를 동반하게 됩니다. 그리고 그 소비의 양상은 시간에 따라 달라지므로 소비전력[W]을 시간[h]에 대한 함수로 생각할 수 있습니다.

방금 얘기한 대로 우리는 매일 순간순간 에너지를 사용하고, 하루 24시간을 기준으로 주중과 주말에 각각 다른 행동 양상에 따라 일정한 패턴으로 전기에너지를 소비하게 됩니다.

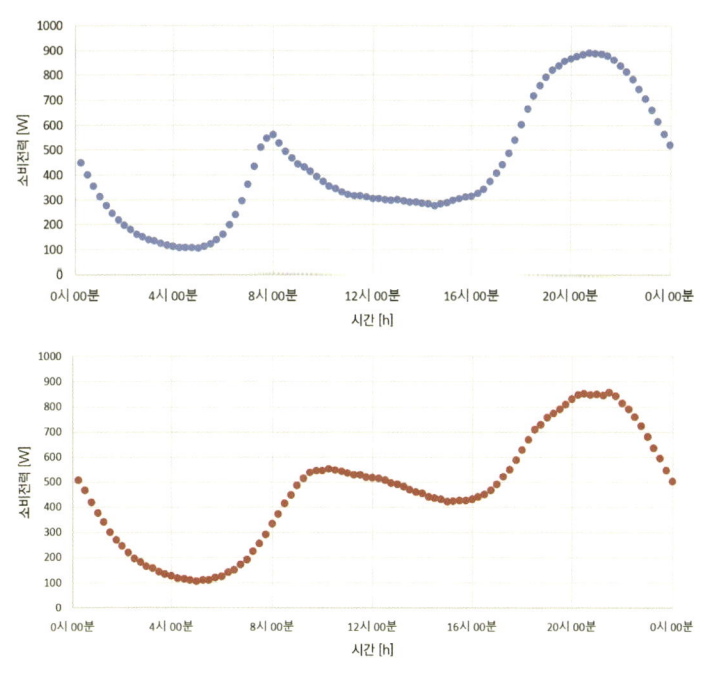

그림 12-1. 우리 집의 하루 전력소비 평균 패턴(위: 주중, 아래: 주말), 15분 데이터 기준

위의 두 그래프는 총 96개의 15분 단위 전력[W] 데이터를 가지고 실제 공동주택 세대별 주중 평일과 주말의 평균적인 전력소비 패턴을 보여주는 그래프입니다. 평일의 경우, 대략 아침 6~7시에 일어나 8시 출근 이후에 전력사용량이 떨어지고, 퇴근 시간 즈음인 오후 5시부터 전력사용량이 꾸준히 증가해서 저녁 10시를 전후로 최대(피크) 수요를 찍은 후, 가족 구성원이 잠자리에 듦에 따라 전력사용량이 떨어지는 양상을 보입니다. 주말의 경우, 기상 시간이 확실히 늦어지고 기상 이후부터 오후 시간대에 전력사용량이 일정 수준 유지됨을 확인할 수 있습니다.

그러면 소비전력 그래프를 그리기 위한 **전력 데이터는 어떻게 만들어지는 걸까요?** 이전에 공부한 바와 같이 우리 집의 전압(220V)과 우리 집으로 흘러들어오는 전류[A]를 측정하여 곱해줌으로써 순시 전력[W]을 계산하게 됩니다.[1] 그런데 문제는 우리가 사용하는 전기(즉, 전류와 전압)는 연속적인 값이기 때문에, 일정 시간 간격(주기, period)마다 전압계과 전류계를 통해 전압과 전류를 측정하고, 이를 숫자로 변환하여 읽어 들여야 합니다. 우리는 이 과정을 **샘플링(sampling)** 이라고 합니다. 즉, 연속적(continuous)인 아날로그 신호를 이산적(discrete)인 디지털 신호로 바꾸는 과정을 말합니다.

---

[1] 일반 가정의 경우, 전동기 부하의 비율이 크지 않아 지상역률(lagging power factor)이 크게 나타나지 않기 때문에 전압과 전류의 곱을 바로 유효전력[W]으로 보아도 무방함

예를 들어 1초 간격으로 실제 전압과 전류를 읽어 숫자로 저장한다면, 1분에 총 60개의 전압, 전류데이터가 각각 샘플링되어 생성됩니다. 초당 취득되는 전압값[V]과 전류값[A]을 곱하면 매 1초 간격의 전력[W] 데이터를 구할 수 있습니다. 이 경우 1분에 총 60개의 1초 단위 전력[W] 데이터를 얻고, 60개의 1초 단위 전력[W] 데이터의 평균을 구함으로써 1분 단위 전력[W] 데이터를 얻게 됩니다. 이런 식으로 15분 단위 그리고 1시간 단위 전력[W] 데이터를 구하게 됩니다. 이 데이터들을 한 달 동안 모아서 우리 집의 한 달 전기요금이 결정됩니다. 우리 집의 전기요금에 대해서는 추후에 더 자세히 알아보는 시간을 갖겠습니다.

그럼 연속되는 4개의 15분 단위 전력[W] 데이터를 가지고 1시간 단위 전력[W] 데이터를 만드는 두 가지 방법을 수식으로 살펴보겠습니다. 첫 번째 방법은 15분 전력[W] 데이터를 사용하는 방법으로, 12시 15분 400W, 12시 30분 420W, 12시 45분 400W, 1시 00분 380W인 15분 단위 전력[W] 데이터를 가정하면 12시~1시까지 1시간 동안 사용한 전력[W]을 평균(평균전력)으로 구하고 나중에 시간을 곱하는 방법입니다.

$$1시간의\ 평균\ 전력 : \frac{400+420+400+380}{4} = 400\ [W]$$

식 (12-1)

1시간 동안 평균적으로 400W의 전력을 사용했으므로 전력[W]과 시간[h]을 곱해서 전력량[Wh]을 계산하면,

1시간 동안 사용한 전력량 : 400[W] × 1[h] = 400[Wh]

식 (12-2)

이 됩니다. **전력량[Wh]은 전력[W]과 시간[h]을 곱한 값**으로 전력을 시간에 대한 함수로 표현하면 그에 대한 면적에 해당하므로 정적분 연산을 통해 계산됩니다.

두 번째 방법은 15분마다 전력량[Wh]을 계산하고 4개의 15분 전력량 데이터를 더하는 방법입니다. 15분은 1/4시간에 해당하니까 15분 단위 전력[W]과 1/4시간[h]을 곱해서 15분의 전력량[Wh]을 먼저 구하고 아래와 같이 4번 더해서 식 (12-2)와 동일한 결과를 얻게 됩니다.

$$400[W] \times \frac{1}{4}[h] + 420[W] \times \frac{1}{4}[h] + 400[W] \times \frac{1}{4}[h]$$
$$+ 380[W] \times \frac{1}{4}[h] = 400[Wh]$$

식 (12-3)

이렇게 매 시간마다 계산된 전력량[Wh]으로 하루의 전력수요를 다시 그려보면, 그림 12-2와 같습니다.

그림 12-2의 두 그래프는 1시간에 대한 값이므로 [W] 혹은 [Wh] 단위 둘 다 사용 가능합니다. 이 그래프에서 24개의 1시간 단위 전력[W]

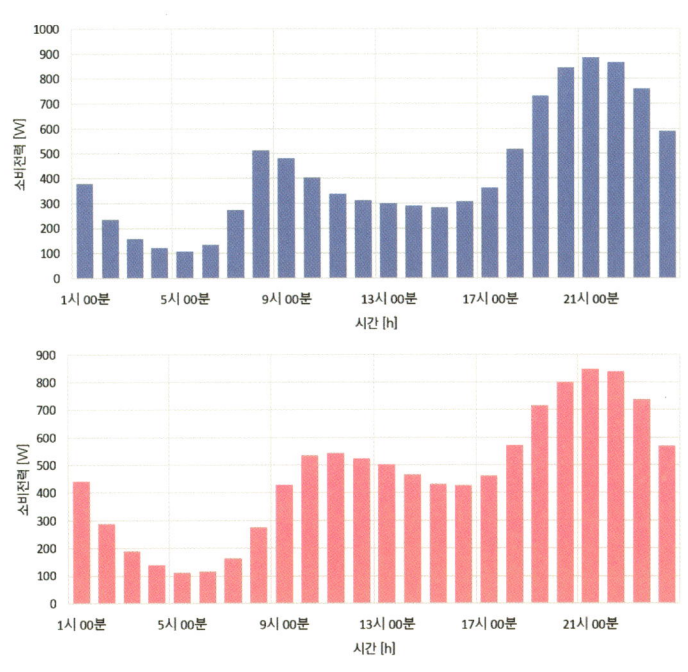

그림 12-2. 우리 집의 하루 전력소비 평균 패턴(위: 주중, 아래: 주말), 1시간 데이터 기준

데이터를 모두 더해 하루 동안 사용한 총 전력량을 구하고 이렇게 한 달 동안 사용한 전력량을 합산하여 우리 집의 한 달 전기요금이 정해지게 됩니다. 위의 경우 주중 평균 10,200[Wh]=10.2[kWh], 주말 평균 11,200[Wh]=11.2 [kWh]으로 합산되어, 한 달(30일)을 주중 22일, 주말 8일로 가정하면, 한 달 동안 사용한 총 전력량은 314[kWh]이 되고, 다음 달에 314[kWh]에 해당하는 전기요금이 부과됩니다.

우리 집에서 전기 절약을 몸소 실천하시는 분이 어머니인 이유가 바로 여기에 있습니다. 바로 '**전기사용 = 돈**'이기 때문입니다. 그렇다면 전기요금을 줄이기 위해서 우리는 어떻게 해야 할까요? 위에서 살펴본 바와 같이, **에너지의 소비 양상은 소비자의 생활 양상과 행동 양상에 의해 결정**되므로, 에너지 소비를 줄이기 위해서는 우리의 생활 패턴과 행동 패턴을 바꿔야 합니다. 가급적이면 에너지 효율 등급이 높은 전기제품을 사용하고, 전기제품의 사용 시간을 최대한 줄이는 것이 효과적인 해결책입니다.

다음 시간에는 우리 집(공동주택 기준)의 전기요금이 어떻게 책정되는지에 대해 알아보겠습니다.

일반인을 위한 생활 속 전기공학 지침서
# 슬기로운 전기생활

## 제 13 화
# 우리 집의 한 달 전기요금은 얼마?

(1) 현행 요금 제도(누진제)에 대해

## 제 13 화
# 우리 집의 한 달 전기요금은 얼마?
## (1) 현행 요금 제도(누진제)에 대해

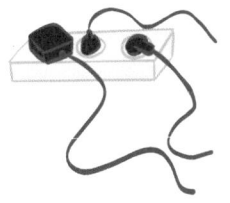

여러분 집의 한 달 전기요금이 대략 얼마인지 알고 계시나요? 정확히는 아니더라도 대략적으로 몇 만원 수준인지? 전기공학을 전공한 저 역시 대학, 대학원 시절 이론적인 공부는 많이 했습니다만 정작 우리 집 아파트 관리비에 적힌 전기요금이 얼마인지 단 한 번도 생각해 본 적이 없었습니다. 책으로만 공부할 뿐 실생활 속에서 그 내용을 점검하고 확인해볼 생각은 하지 못한 것이죠. 그리고 아파트 관리비 영수증은 어머니의 전유물이라는 생각 때문이 아닐까요? 전기공학에 관심이 있고 공부를 하는 사람이라면 관심을 가질 법도 하지만 실제로 전공생들에게

같은 질문을 해도 돌아오는 대답은 무음뿐입니다. 오늘부터는 공동주택 즉, 아파트를 대상으로 우리 집의 한 달 전기요금에 대해 자세히 알아보겠습니다. 이에 앞서 우리 집의 아파트 관리비 영수증을 찾아서 살펴보면 내용을 이해하는 데 큰 도움이 되겠지요?

현행 주택용 전기요금 체계는 많은 분들이 알고 있다시피 **누진제**가 적용되고 있습니다. 물론 2021년 1월 1일부로 기본공급약관 및 시행세칙이 개정됨에 따라 **일부 지역에 한해** 기존의 누진제와 신설된 **주택용 계시별 선택요금제** 중 고객의 희망에 따라 선택이 가능하게 되었습니다. 요금제가 다양해졌다고 하는 것은 소비자 입장에서는 매우 반가운 소식입니다. 우리 집에 맞는 요금제를 선택해서 전기요금을 줄일 수 있는 여지가 추가로 생기기 때문입니다.

먼저 두 요금제를 비교해보면, **누진제**는 한 달 동안 사용한 누적 전력사용량[kWh]을 기준으로 요금이 부과되는 방식이고, **계시별 요금제**는 계절별, 시간대별로 각기 다른 전력량 요금이 적용되는 방식입니다. 여기에서 시간대는 아래의 표와 같이 전국 부하 기준 계절별로 전기사용이 많은 순으로 **최대부하 시간, 중간부하 시간, 경부하 시간**으로 구분됩니다. 전기를 많이 사용하는 시간대 즉, **최대부하 시간대에는 전기수요를 줄이기 위해 비싼 전기요금이 적용**되며, 그에 반해 **전기수요가 적은 경부하 시간대에는 저렴한 전기요금이 적용**됩니다. 예전 학창시절에 배웠던 가격에 따른 수요-공급 곡선을 기억하는지요? 가격이 오를수록 수요는 줄고 가격이 떨어질수록 수요가 증가한다는…결국 가격을 통해서 전기의 수요를 조절하고자 계시별 요금제가 사용되는 것입니다. 또한 전력공급자의 입장에서는 가급적이면 일정한 전력을 공급함으로써 발전 효율을 높이기 위한 목적도 있습니다. 마치 우리가 자동차를 운전할 때 급발진, 급정거를 자주 하게 되면 연비가 떨어지고, 정속도로 운전하면 연비가 상승하는 것과 마찬가지의 원리입니다.

표 13-1. 계절별 시간대별 전기요금표(한국전력공사 홈페이지 참조)

| 구 분 | 여름철<br>(6~8월) | 봄·가을철<br>(3~5, 9~10월) | 겨울철<br>(11~2월) |
|---|---|---|---|
| 경부하 | 23:00 ~ 09:00 | 23:00 ~ 09:00 | 23:00 ~ 09:00 |
| 중간부하 | 09:00 ~ 10:00<br>12:00 ~ 13:00<br>17:00 ~ 23:00 | 09:00 ~ 10:00<br>12:00 ~ 13:00<br>17:00 ~ 23:00 | 09:00 ~ 10:00<br>12:00 ~ 17:00<br>20:00 ~ 22:00 |
| 최대부하 | 10:00 ~ 12:00<br>13:00 ~ 17:00 | 10:00 ~ 12:00<br>13:00 ~ 17:00 | 10:00 ~ 12:00<br>17:00 ~ 20:00<br>22:00 ~ 23:00 |

**그럼 지금까지의 주택용 요금제에는 왜 누진제만 적용되고 있었던 걸까요?** 이를 이해하기 위해서는 우선 우리나라 전체의 시간대별 전력수요의 패턴과 주택용 부하의 시간대별 전력수요의 패턴을 비교해 볼 필요가 있습니다. 아래의 두 그래프는 2019년 우리나라 전체 부하의 시간대별 평균 패턴과 지난 시간에 살펴봤던 공동주택 부하의 시간대별

평균 패턴을 1일 피크(최대) 부하 대비 상대적인 비율[%]로 표현한 그래프입니다.

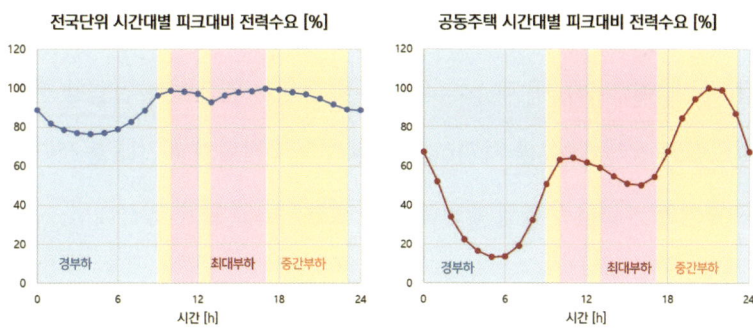

그림 13-1. 전국 단위 시간대별 전력수요 패턴(좌), 공동주택 시간대별 전력수요 패턴(우)

전국 단위 전력수요 패턴(좌)과 공동주택의 전력수요 패턴(우)에서의 차이점이 무엇일까요? 공동주택의 경우, 최대부하 시간대의 전력수요가 중간부하 시간대의 전력수요에 비해 적음을 알 수 있습니다. 즉, 최대부하 시간대와 중간부하 시간대의 전력수요 양상이 반대라는 점입니다.

이를 통해 앞서 얘기한 계시별 요금제의 시간(최대부하, 중간부하, 경부하) 구분이 전국 단위 전력수요 데이터를 기반으로 만들어졌음을 알 수 있습니다. 새벽 시간대에 수요가 줄어드는 건 마찬가지지만, 사람이 활동하는 시간대의 패턴은 서로 반대의 양상을 보입니다. 이는 사람들이 직장으로 출근해서 가정용 전기의 수요는 줄어들고 산업용과 일반용 전기의 수요가 증가하기 때문입니다. 퇴근 시간 이후에는 이와는 반대의 현상이 나타나겠지요? 또한 2019년 기준 우리나라 전체의 연간 전력수요량(520,498,738MWh) 대비 주택용 연간 전력수요량(72,638,868MWh)은 약 14%를 차지하고 있는 데에 반해 **산업용 전력수요량은 전체 56%를 차지**하므로 **우리나라 전체의 시간대별 전력수요 특성은 산업용 부하의 패턴에 의해 결정**된다고 볼 수 있습니다.

결과적으로 계시별 요금제에서 최대부하, 중간부하, 경부하의 시간 구분은 전국 단위 전력수요를 기반으로 설정이 된 것이고, 전국 단위의 전력수유는 주로 산업용 전기수요에 이해 결정되므로, 산업용과는 반대의 수요 특성을 지닌 주택용의 경우, 계시별 요금제 적용으로 인한 수요 조절 기능을 기대하기가 힘듭니다. 따라서 주택용 전기요금은 계시별 요금제가 아닌 **한 달 총량 기준**이면서 **사용량에 따라 다른 요율을 적용되는 누진제**가 적용되어 온 것입니다.

위에서 총량을 기준으로 한다고 해서 주택용 전기소비를 촉진하기 위한 것은 아닙니다. 총량이 증가함에 따라 기본요금과 전력량 요금이 증가하도록 요금제를 설계하여 전기 사용량이 많은 소비자일수록 kWh당 전기요금이 비싸게 책정되어 있습니다. 바로 **누진 구간**에 대한 이야기입니다. 2017년 이전에는 주택용 전기요금이 총 6단계 누진 구간으로 설계되어 100kWh 이하, 101~200kWh, 201~300kWh, 301~400kWh, 401~500kWh, 500kWh 초과로 100kWh 간격으로 **총 6단계 누진 구간**이 적용되었습니다. 2017년 1월 1일부터 200kWh 이하, 201~400kWh, 400kWh 초과로 200kWh 간격으로 **총 3단계 누진 구간**으로 변경되었고, 2019년 7월 1일부터는 하계(7월 1일~8월 31일)와 기타 계절(하계를 제외한 월일)로 구분하여 더위가 기승을 부리는 두 달 동안에는 300kWh 이하, 301~450kWh, 450kWh 초과로 구간 간격이 조정된 **계절 변동형 3단계 누진 구간이 적용**되고 있습니다.

| 주택용전력 (고압) | | 2016년 12월 31일까지 | | |
|---|---|---|---|---|
| 구간 | 기본요금 (원/호) | | 전력량 요금 (원/kWh) | |
| 1 | 100kWh 이하 사용 | 410 | 처음 100kWh까지 | 57.60 |
| 2 | 101~200kWh 사용 | 730 | 다음 100kWh까지 | 98.90 |
| 3 | 201~300kWh 사용 | 1,260 | 다음 100kWh까지 | 147.30 |
| 4 | 301~400kWh 사용 | 3,170 | 다음 100kWh까지 | 215.60 |
| 5 | 401~500kWh 사용 | 6,060 | 다음 100kWh까지 | 325.70 |
| 6 | 500kWh 초과 사용 | 10,760 | 500kWh 초과 | 574.60 |

| 주택용전력 (고압) | | 2017년 1월 1일부터 2019년 6월 30일까지 | | |
|---|---|---|---|---|
| 구간 | 기본요금 (원/호) | | 전력량 요금 (원/kWh) | |
| 1 | 200kWh 이하 사용 | 730 | 처음 200kWh까지 | 78.3 |
| 2 | 201~400kWh 사용 | 1,260 | 다음 200kWh까지 | 147.3 |
| 3 | 400kWh 초과 사용 | 6,060 | 400kWh 초과 | 215.6 |

※ 필수 사용량 보장공제: 200kWh 이하 사용시 월 2,500원 한도 감액(감액 후 최저 요금 1,000원)
※ 슈퍼유저요금: 동하계(7~8월, 12~2월) 1,000kWh 초과 전력량 요금은 574.6원/kWh 적용

2019년 7월 1일부터

| 주택용전력 (고압, 기타계절) | | | | |
|---|---|---|---|---|
| 구간 | 기본요금 (원/호) | | 전력량 요금 (원/kWh) | |
| 1 | 200kWh 이하 사용 | 730 | 처음 200kWh까지 | 78.3 |
| 2 | 201~400kWh 사용 | 1,260 | 다음 200kWh까지 | 147.3 |
| 3 | 400kWh 초과 사용 | 6,060 | 400kWh 초과 | 215.6 |

| 주택용전력 (고압, 히계) | | | | |
|---|---|---|---|---|
| 구간 | 기본요금 (원/호) | | 전력량 요금 (원/kWh) | |
| 1 | 300kWh 이하 사용 | 730 | 처음 200kWh까지 | 78.3 |
| 2 | 301~450kWh 사용 | 1,260 | 다음 200kWh까지 | 147.3 |
| 3 | 450kWh 초과 사용 | 6,060 | 400kWh 초과 | 215.6 |

1.기타계절: 1월 1일~6월 30일, 9월 1일~12월 31일
2.필수 사용량 보장공제: 200kWh 이하 사용시 월 2,500원 한도 감액
3.슈퍼유저요금: 동계(12월 1일~2월 말일) 1,000kWh 초과 전력량 요금은 574.6원/kWh 적용

1.하계: 7월 1일~8월 30일
2.필수 사용량 보장공제: 200kWh 이하 사용시 월 2,500원 한도 감액
3.슈퍼유저요금: 하계(7월 1일~8월 30일) 1,000kWh 초과 전력량 요금은 574.6원/kWh 적용

그림 13-2. 주택용 전력요금제(누진제)의 변화

이러한 요금체계 하에서 가정에서 사용하는 에너지 다소비 전기제품의 수요가 폭발적으로 증가하면서 매년 우리나라의 주택용 전력수요가 연도별로 꾸준히 증가하여 2005년 대비 40% 정도 증가함에 따라 주

택용 전기요금의 다양화에 대한 필요성이 대두되었고, 2020년 12월에 이르러 주택용 계시별 선택요금제가 공식적으로 시행되었습니다.

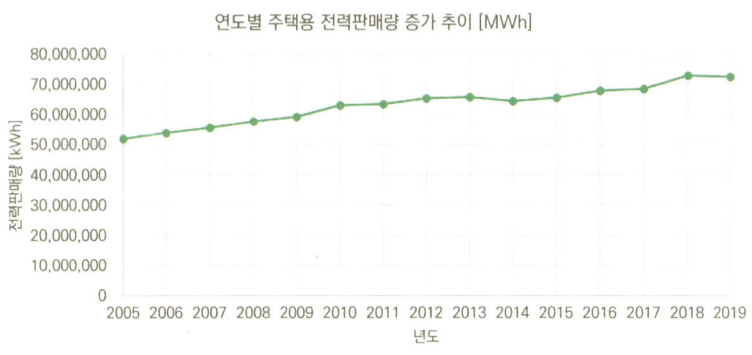

그림 13-3. 연도별 주택용 전력판매량의 증가 추이

올해부터 새로 시행되는 주택용 계시별 선택요금제에 대해서는 전기요금에 관심이 있는 분들은 이미 알고 계시겠지만 그렇지 않은 분들은 해당 내용에 대해 금시초문일 수 있으므로 후속편(15화)에서 해당 내용을 설명하는 시간을 갖도록 하겠습니다.

다음 시간에는 공동주택(아파트) 기준으로 우리 집의 한 달 전기요금이 어떻게 산정되고 부과되는지에 대해 구체적인 사례를 들어 자세히 살펴보겠습니다.

일반인을 위한 생활 속 전기공학 지침서
# 슬기로운 전기생활

제 14 화

# 우리 집의 한 달 전기요금은 얼마?

(2) 아파트의 단일계약과 종합계약

# 제 14 화
# 우리 집의 한 달 전기요금은 얼마?
### (2) 아파트의 단일계약과 종합계약

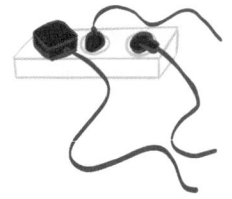

    2021년 1월 1일 부로 새로 만들어진 주택용 계시별 선택요금제의 자세한 얘기는 다음 시간으로 미루고, 현재 시점에서 가장 많이 사용되는 주택용 누진요금제에 대해 공동주택(아파트)을 기준으로 설명하겠습니다. 아파트의 경우, 한국전력공사와 아파트 단지 간의 계약방법에 따라 **단일계약과 종합계약**으로 구분됩니다. 물론 이 2가지 이외에 호별계약(한전이 세대로 직접 전기를 공급하는 계약으로 저압요금이 적용되는 방식)이 있긴 하지만, 일반적이지 않으므로 자세한 논의에서는 제외하겠습니다.

아파트단지로 공급되는 전기는 크게 (1) 개별세대, (2) 승강기/지하주차장/계단/동력/방재실/조경 등, (3) 급수용/정화조용, (4) 보안등용, (5) 인터넷업체/이동통신 등 5개의 부하 요소로 구분됩니다. (5)번의 경우, 외부업체가 부담하는 요금이라 입주민이 부담하는 요금에서 제외됩니다. 따라서 (1)~(4)번까지가 아파트 입주민이 매달 부담해야 하는 전기요금에 해당되며, 이 중 (1)번은 세대별로 부과되는 요금(세대부 전기요금)이고, (2)~(4)번은 입주민이 공동으로 부담하는 요금(공용부 전기요금)입니다. 하지만 (3)번과 (4)번의 경우, 단일계약과 종합계약에 상관없이 급수용/정화조용 부하에는 산업용 전력요금제가, 보안등용 부하에는 가로등용 전력요금제가 적용됩니다. **따라서 단일계약과 종합계약의 차이는 (1)번 세대부의 전기요금과 (2)번 승강기/지하주차장/계단/동력/방재실/조경 등의 공용부의 전기요금을 책정할 때 어떤 요금제가 적용되는지의 차이**입니다.

단일계약의 경우, **세대부와 공용부를 합한 전체 전력사용량에 대해 주택용전력 고압요금제가 적용되는 계약**으로, 단지에 설치된 메인 계량기(아파트 단지 전체에서 사용하는 전력량을 계량)의 한 달 검침량만으로 전기요금이 산정됩니다. 따라서 세대별 검침 및 세대별 요금부과는 아파트 자체적으로 시행해야 하는 번거로움이 있습니다.

이에 반해 **종합계약**의 경우, **세대부는 주택용전력 저압요금제가**, 공용부는 **일반용전력(갑)Ⅰ고압요금제가 적용되는 계약**으로, 아파트단지 전체의 전력량과 세대별 전력량을 한전에 제공하면 한전에서 단지와 세대별 전기요금을 각각 산정하여 청구하는 방식입니다.

표 14-1. 공동주택에 적용되는 전력계약방식

| 계약방식 | 수전설비의 소유 | 공급전압 | 특징 | 적용부 | 적용요금종별 |
|---|---|---|---|---|---|
| 호별계약 | 한국전력공사 | 저압 (220~380V) | - 순수 주거부분의 계약 전력이 500kW 이상일 경우, 고압이상으로 전기를 공급하되, 고객이 희망할 경우(기설 고압공급아파트의 경우, 입주자 전원이 희망해야함) 호별계약 가능 | 세대 | 주택용전력 저압 |
|  |  |  |  | 공용 | 일반용전력(갑)Ⅰ저압 |
| 종합계약 | 아파트 | 고압 (22,900V) | - 아파트에서 제출하는 세대별 사용량을 기준으로 한전에서 계산, 청구함<br>- 일반적으로 공용부 전력이 전체의 25% 이상 차지하는 경우 유리 | 세대 | 주택용전력 저압 |
|  |  |  |  | 공용 | 일반용전력(갑)Ⅰ고압 |
| 단일계약 | 아파트 | 고압 (22,900V) | - 공용부를 포함한 전체 사용량을 세대수로 나눠서 평균 사용량을 산출하고 이에 대한 기본요금 및 전력량 요금을 계산한 후 세대 수를 곱해 아파트 전체의 기본 요금 및 전력량요금을 계산하는 방식 | 세대 | 주택용전력 (고압) |
|  |  |  |  | 공용 |  |

여기서 주의해야 할 사실 하나!! 보통 일반용 전력 요금이라고 하면 계시별 요금제, 즉, 계절(여름, 봄가을, 겨울)별 시간대(최대부하, 중부하, 경부하)별 차등요금제가 적용되지만, 일반용전력(갑)Ⅰ요금제는 계

시별 요금제가 아닌 **계절별 차등요금제**로 시간대에는 상관없이 계절별로만 상이한 요금이 부과되는 방식입니다.

자, 이제 우리 집의 상황을 살펴보겠습니다. 아파트 개별 세대에 적용되는 전기 요금체계는 계약 방법에 따라 달라지므로 우리 아파트의 계약 방식이 무엇인지 확인하는 게 필요하겠지요? 관리비 영수증에 기입되는 경우도 있겠지만 아래의 그림 14-1과 같이 관리비 영수증(예시) 뒷면에 깨알같이 적힌 내용 중 세대전기료 비고 부분을 확인해보면 단일계약인지 종합계약인지 확인할 수 있습니다. **주택용 저압요금**이 적용되는 경우 **종합계약**이고, **주택용 고압요금**이 적용되는 경우 **단일계약**입니다.

13. 전 기 료 -------------------------------------------------- 원

가. 산출기간: 0000. 00. 00. - 0000. 00. 00.

나. 고지금액 원

| 구분 | | | 사용량(kWh) | 금액 | 비고 |
|---|---|---|---|---|---|
| 세대분 | 주택용 (00 0000 0000) | 세대전기료 | | | 주택용저압요금적용 |
| | | TV 수신료 | | | |
| | | 승강기전기료 | | | |
| 공용분 | | ① 공통 | | | |
| | 가로등 (00 0000 0000) | ② 가로등/수목등 | | | |
| | 산업용 (00 0000 0000) | ③ 산업용 | | | |
| | ④ 전기료 납부전용 카드이체할인 | | | | |
| | (①+②+③-④) 공용분 소계 | | | | |
| 한전고지금액 | | | | | |

그림 14-1. 아파트 관리비 영수증 뒷면의 전기료 고지 부분(계약 구분 확인)

그러면 주택용 저압요금과 주택용 고압요금의 차이는 무엇일까요?

우리가 사용하는 전압대는 220V로 저압(LV, Low Voltage)에 해당됩니다. 하지만 우리가 사는 곳까지 전기를 보내기 위해서는 즉, 송전계통에서는 이보다 훨씬 높은 전압이 필요합니다. 154kV, 345kV, 765kV 등의 매우 높은 전압으로 송전이 이뤄지고, 이후에는 22.9kV로 낮춰서 배전이 이뤄집니다. 마침내 우리가 사는 아파트에 도착하면, 지하 전기실에 위치한 변압기(transformer)를 거쳐 우리가 집에서 사용하는 220V의 전압대로 떨어지게 됩니다. 이렇듯 전압대를 변환하는 과정을 **변압**이라고 하고, 좀 더 자세히 구분하여 고압에서 저압의 변환을 **강압**, 저압에서 고압으로 변환을 **승압**이라 부릅니다. 따라서 한전으로부터 저압(220V)으로 공급받는다면 22.9kV에서 220V로 강압하는 과정을 한 번 더 거쳐야 함을 의미합니다. 이 변압을 수행해주는 장비가 바로 주상변압기입니다. 우리가 흔히 말하는 전봇대에 매달려 있는 회색의 원통형 장비... 바로 그 장비. 한전 소유의 주상변압기를 거쳐 220V로 공급을 받기 때문에 변압기에 대한 사용료를 좀 더 내야 하겠지요? 따라서 주택용 저압요금이 고압요금에 비해 조금 비싸게 책정됩니다. 주택용 전력요금표를 보면 고압요금제에 비해 저압요금제가 20~30%정도 비싼 것을 확인할 수 있습니다. 공동주택과는 달리 **단독주택의 경우**에는 자체적인 변압설비를 갖고 있지 않으므로 주상변압기에서 220V로 수전받기 때문에 **주택용 저압요금이 적용**됩니다. 하지만, 아파트의 경우 실제로는 계약조건에 관계없이 한전으로부터 22.9kV로 수전을 받지만 요금제는 단일계약이냐 종합계약이냐에 따라 다른 요금제(주택용 고압 혹은 저압)가 적용됩니다.

**세대부와 공용부에 공통적으로 적용**

**주택용전력 (고압, 기타계절)**

| 구간 | 기본요금 (원/호) | | 전력량 요금 (원/kWh) | |
|---|---|---|---|---|
| 1 | 200kWh 이하 사용 | 730 | 처음 200kWh까지 | 78.3 |
| 2 | 201 ~ 400kWh 사용 | 1,260 | 다음 200kWh까지 | 147.3 |
| 3 | 400kWh 초과 사용 | 6,060 | 400kWh 초과 | 215.6 |

1. 기타계절: 1월 1일~6월 30일, 9월 1일~12월 31일
2. 필수 사용량 보장공제: 200kWh 이하 사용시 월 2,500원 한도 감액
3. 슈퍼유저요금: 동계(12월 1일~2월 말일) 1,000kWh 초과 전력량 요금은 574.6원/kWh 적용

**주택용전력 (고압, 하계)**

| 구간 | 기본요금 (원/호) | | 전력량 요금 (원/kWh) | |
|---|---|---|---|---|
| 1 | 300kWh 이하 사용 | 730 | 처음 200kWh까지 | 78.3 |
| 2 | 301 ~ 450kWh 사용 | 1,260 | 다음 200kWh까지 | 147.3 |
| 3 | 450kWh 초과 사용 | 6,060 | 400kWh 초과 | 215.6 |

1. 하계: 7월 1일~8월 30일
2. 필수 사용량 보장공제: 200kWh 이하 사용시 월 2,500원 한도 감액
3. 슈퍼유저요금: 하계(7월 1일~8월 30일) 1,000kWh 초과 전력량 요금은 574.6원/kWh 적용

그림 14-2. 단일계약 공동주택에 적용되는 주택용 전력고압 요금제(공용부+세대부)

**세대부에 적용**

**주택용전력 (저압, 기타계절)**

| 구간 | 기본요금 (원/호) | | 전력량 요금 (원/kWh) | |
|---|---|---|---|---|
| 1 | 200kWh 이하 사용 | 910 | 처음 200kWh까지 | 93.3 |
| 2 | 201 ~ 400kWh 사용 | 1,600 | 다음 200kWh까지 | 187.9 |
| 3 | 400kWh 초과 사용 | 7,300 | 400kWh 초과 | 280.6 |

1. 기타계절: 1월 1일~6월 30일, 9월 1일~12월 31일
2. 필수 사용량 보장공제: 200kWh 이하 사용시 월 4,000원 한도 감액(월 최저요금 1,000원)
3. 슈퍼유저요금: 동계(12월 1일~2월 말일) 1,000kWh 초과 전력량 요금은 709.5원/kWh 적용

**주택용전력 (저압, 하계)**

| 구간 | 기본요금 (원/호) | | 전력량 요금 (원/kWh) | |
|---|---|---|---|---|
| 1 | 300kWh 이하 사용 | 910 | 처음 200kWh까지 | 93.3 |
| 2 | 301 ~ 450kWh 사용 | 1,600 | 다음 200kWh까지 | 187.9 |
| 3 | 450kWh 초과 사용 | 7,300 | 400kWh 초과 | 280.6 |

1. 하계: 7월 1일~8월 30일
2. 필수 사용량 보장공제: 200kWh 이하 사용시 월 4,000원 한도 감액(월 최저요금 1,000원)
3. 슈퍼유저요금: 하계(7월 1일~8월 30일) 1,000kWh 초과 전력량 요금은 709.5원/kWh 적용

**공용부에 적용**

**일반용전력(갑) I** * 계약전력 300kW 미만

| 구분 | | 기본요금 (원/kW) | 전력량 요금 (원/kWh) | | |
|---|---|---|---|---|---|
| | | | 여름철 (6~8월) | 봄가을철 (3~5, 9~10월) | 겨울철 (11~2월) |
| 저압 | | 6,160 | 105.7 | 65.2 | 92.3 |
| 고압A | 선택 I | 7,170 | 115.9 | 71.9 | 103.5 |
| | 선택 II | 8,230 | 111.9 | 67.6 | 99.3 |
| 고압B | 선택 I | 7,170 | 113.8 | 70.8 | 100.6 |
| | 선택 II | 8,230 | 108.5 | 65.5 | 95.3 |

그림 14-3. 종합계약 공동주택에 적용되는 주택용 전력저압 요금제(세대부)와 일반용전력 요금제(공용부)

위의 표에서 기본요금은 각 세대에서 한 달 동안 사용한 총 전력사용량[kWh]에 의해 결정되는 금액이고, 전력량 요금은 구간별로 차등적으로 결정되는 금액이며, 이 두 요금을 합해서 우리 집의 한 달 전기요금이 됩니다. 우리 집(세대)의 전기요금 계산의 예시를 통해 이해해보도

록 하겠습니다.

　예를 들어 우리 집의 10월 전력사용량이 **350kWh**라 가정해봅시다. **종합계약(주택용전력 저압요금)**으로 계산하면, ①**기본요금**은 2구간(201~400kWh)에 해당되는 **1,600원**이 부과되며, ②**전력량 요금**은 처음 200kWh까지 93.3원/kWh이므로 200(kWh) × 93.3(원/kWh) = 18,660원, 그 이후 150kWh를 더 사용했으므로 150(kWh) × 187.9(원/kWh) = 28,185원으로 계산되어 이 두 값을 더한 **46,845원**이 전력량 요금으로 결정되며, ③기본요금(1,600원)과 전력량 요금(46,845원)을 더하면 **48,445원**이 됩니다. 여기에 10%의 부가가치세(원 미만 반올림하여 4,845원)와 3.7%의 전력산업기반기금(원단위 절사하여 1,790원)이 부과되어 최종적으로 48,445 + 4,845 + 1,790 = **55,080원**(원단위 절사)의 전기요금이 결정됩니다.

　**단일계약 아파트**인 경우, 주택용전력 고압요금제가 적용됩니다. ①**기본요금**은 2구간(201~400kWh)에 해당되는 **1,260원**이 부과되며, ②**전력량 요금**은 처음 200kWh까지 78.3원/kWh이므로 200(kWh) × 78.3(원/kWh) = 15,660원, 그 이후 150kWh를 더 사용했으므로 150(kWh) × 147.3(원/kWh) = 22,095원으로 계산되어 이 두 값을 더한 **37,755원**이 전력량 요금으로 결정되며, ③기본요금(1,260원)과 전력량 요금(37,755원)을 더하면 **39,015원**이 됩니다. 여기에 10%

의 부가가치세(원 미만 반올림하여 3,902원)와 3.7%의 전력산업기반기금(원단위 절사하여 1,440원) 부과되어 최종적으로 39,015 + 3,902 + 1,440 = **44,350원**(원단위 절사)의 전기요금이 결정됩니다. (이 계산은 한국전력공사 사이버지점 홈페이지(cyber.kepco.co.kr)의 전기요금 계산기 메뉴를 통해 직접 확인 가능합니다.)

위의 결과만 비교하면 단일계약이 종합계약에 비해 1만원 이상 저렴합니다. 저렴한 주택용 고압요금제가 적용되었으니 당연한 결과겠지요? 그렇다면 우리 집의 입장에서는 종합계약보다 단일계약이 경제적으로 유리할까요? 꼭 그렇지는 않습니다. 공용부의 전력요금을 입주 세대가 공동으로 부담해야 하기 때문에 공용부의 전기요금이 어떤 요금제에 의해 결정되느냐에 따라 그 결과는 달라집니다. 결과적으로 **단일계약의 경우 세대부는 저렴하나 공용부는 비싸고, 종합계약의 경우 세대부는 비싸지만 공용부가 저렴한 경향**을 보입니다.

정리하면, 세대의 전기사용요금은 한 달 동안 사용한 전력량(kWh)을 기준으로 산정되며, 아파트 단지의 계약방식에 따라 종합계약인 아파트 단지의 세대는 주택용 저압요금제가, 단일계약인 아파트 단지의 세대는 주택용 고압요금제가 적용되므로 세대별 전기요금에는 당연히 고압요금제가 더 저렴하게 산정됨을 확인했습니다. 하지만 우리가 부담하는 전기요금에는 한 달 동안 사용한 세대별 전기 사용량 뿐만 아니라 아파트(공동주택) 공용부의 전기사용량이 포함되므로 아파트 단지 전체의 전기요금이 최소화되는 요금제가 무엇인지 꼼꼼히 따져 봐야 합니다.

단일계약 아파트 단지와 종합계약 아파트 단지의 전기요금 산정과정을 구체적인 예시를 통해 살펴보겠습니다. **(아래의 예시는 계약방식에 따른 전기요금 산정과정을 설명하기 위한 예시이며, 실제 세대수와 전력량은 물론 아파트 관리 주체로부터 세대별 분배과정 등에 따라 차이가 날 수 있음을 미리 밝히는 바입니다.)**

계약방식의 비교를 위한 아파트 단지(10세대)의 일반사항을 아래와 같이 가정해보겠습니다.

표 14-2. 공동주택 계약방식 비교를 위한 10세대 단지의 일반사항

| 해당 월 | 10월 | 계절 구분 | 기타계절 |
|---|---|---|---|
| 세대 수 | 10 세대 | 계약전력 | 270 kW |
| 공급전압 | 22.9 kV | 요금적용전력 | 100 kW |
| 월간 아파트 단지의 전체 전기사용량(세대+공용) | 3,500 kWh | 월간 세대별 전기사용량의 총합 | 2,900 kWh |
| 단지 전체 전기사용량 대비 공용부의 비율(%) | 17.1 % | 월간 공용부 전기사용량의 총합 | 600 kWh |

| 호수 | 월간 전력사용량 [kWh] | 호수 | 월간 전력사용량 [kWh] |
|---|---|---|---|
| 1 | 180 | 6 | 390 |
| 2 | 280 | 7 | 270 |
| 3 | 320 | 8 | 190 |
| 4 | 370 | 9 | 230 |
| 5 | 410 | 10 | 260 |

먼저 단일계약의 전기요금을 산정해보겠습니다. 단일계약의 경우에는 아파트 단지의 메인 계량기의 검침(총 전기사용량) 정보와 세대 수의 정보를 매달 한국전력공사에 제공하며, 한 달 동안 아파트 단지의 총 전기사용량(세대+공용)을 세대 수로 나누어 세대별 평균 전기사용량이 결정됩니다.

세대별 평균 전기사용량 = 3,500kWh / 10세대 = 350kWh/세대   ①

아래 표의 주택용전력 고압, 기타계절 요금제를 기준으로 기본요금과 전력량요금을 산정합니다. 세대별 평균 전기사용량이 350kWh로 결정되므로 누진 2구간에 해당됩니다.

표 14-3. 단일계약에 적용되는 주택용 전력 고압 요금제

| 구간 | 기본요금 (원/호) | | 전력량 요금 (원/kWh) | |
|---|---|---|---|---|
| 1 | 200kWh 이하 사용 | 730 | 처음 200kWh까지 | 78.3 |
| 2 | 201 ~ 400kWh 사용 | 1,260 | 다음 200kWh까지 | 147.3 |
| 3 | 400kWh 초과 사용 | 6,060 | 400kWh 초과 | 215.6 |

1. 기타계절 : 1월 1일~6월 30일, 9월 1일~12월 31일
2. 필수 사용량 보장공제 : 200kWh 이하 사용시 월 2,500원 한도 감액
3. 슈퍼유저요금 : 동계(12월 1일~2월 말일) 1,000kWh 초과 전력량 요금은 574.6원/kWh 적용

기본요금 : 1,260원/호 = 1,260원   ②

전력량요금 :
200kWh × 78.3원/kWh + 150kWh × 147.3원/kWh = 37,755원   ③

이렇게 계산된 기본요금(②)과 전력량요금(③)을 합한 금액(②+③)에 부가세(10%)와 전력산업기반기금(3.7%)을 더해서 세대당 44,357원, 10세대에 해당하는 443,570원의 전기요금이 한국전력공사로부터 아파트 단지에 부과됩니다. 그 이후에는 아파트 관리사무소에서 해당 금액을 각 세대에 분배하여 과금하게 됩니다. 세대 분배 시에는 각 세대에서 한 달 동안 사용한 전력사용량을 기반으로 주택용전력 고압요금을 적용해서 개별 세대의 전기요금을 결정하고, 아파트 부과금액(443,570원)에서 개별 세대의 전기요금 총액(344,720원)을 뺀 금액(98,850원)을 공동전기료로 산정, 각 세대에 분배함으로써 세대별 과금액이 최종 결정됩니다. 그 과정을 아래의 표로 정리했습니다.

표 14-4. 단일계약 아파트 단지의 공용부 요금 분배 및 세대별 과금액의 결정 과정

| 호수 | 사용량 [kWh] | 기본요금 [원] | 전력량요금 [원] | 필수보장 [원] | 전기요금계 [원] | 부가세 [원] | 기반기금 [원] | 세대요금 [원] | 공동전기료 [원] | 과금액 [원] |
|---|---|---|---|---|---|---|---|---|---|---|
| 1 | 180 | 730 | 14,094 | -2,500 | 12,324 | 1,232 | 450 | 14,000 | 9,885 | 23,885 |
| 2 | 280 | 1,260 | 27,444 | | 28,704 | 2,870 | 1,060 | 32,630 | 9,885 | 42,515 |
| 3 | 320 | 1,260 | 33,336 | | 34,596 | 3,460 | 1,280 | 39,330 | 9,885 | 49,215 |
| 4 | 370 | 1,260 | 40,701 | | 41,961 | 4,196 | 1,550 | 47,700 | 9,885 | 57,585 |
| 5 | 410 | 6,060 | 47,276 | | 53,336 | 5,334 | 1,970 | 60,640 | 9,885 | 70,525 |
| 6 | 390 | 1,260 | 43,647 | | 44,907 | 4,491 | 1,660 | 51,050 | 9,885 | 60,935 |
| 7 | 270 | 1,260 | 25,971 | | 27,231 | 2,723 | 1,000 | 30,950 | 9,885 | 40,835 |
| 8 | 190 | 730 | 14,877 | -2,500 | 13,107 | 1,311 | 480 | 14,890 | 9,885 | 24,775 |
| 9 | 230 | 1,260 | 20,079 | | 21,339 | 2,134 | 780 | 24,250 | 9,885 | 34,135 |
| 10 | 260 | 1,260 | 24,498 | | 25,758 | 2,576 | 950 | 29,280 | 9,885 | 39,165 |
| 합계 | | | | | | | | 344,720 | 98,850 | 443,570 |

결과적으로 단일계약의 전기요금 산정 프로세스는 다음과 같이 정리할 수 있습니다.

| | |
|---|---|
| 1단계(아파트) : | 한 달 동안의 아파트 단지 총 사용량(kWh)과 세대 수 정보 제공 |
| 2단계(한전) : | 세대별 평균 전기사용량 산정 |
| 3단계(한전) : | 세대별 평균 전기사용량을 기준으로 기본요금 및 전력량요금 산정 |
| 4단계(한전) : | 아파트 단지 전체의 전기요금 부과 |
| 5단계(아파트) : | 세대별 전기요금 및 공동전기료 산정하여 관리비 영수증으로 과금 |
| 6단계(세대) : | 전기요금 납부 |

종합계약의 경우에는 아파트 단지의 메인 계량기의 검침(총 전기사용량) 정보와 세대별 전기사용량 정보를 한국전력공사에 제공하면, 한전에서는 세대별 전기요금 결정액과 공용부 전기요금의 결정액을 계산해서 아파트 관리사무소에 부과하게 됩니다. 먼저 세대별 전기사용량에 주택용 저압 요금제를 적용하여 세대별 전기요금을 아래와 같이 결정합니다.

표 14-5. 종합계약 아파트 단지의 세대별 전기요금 결정 과정

| 호수 | 사용량 [kWh] | 기본요금 [원] | 전력량요금 [원] | 필수보장 [원] | 전기요금계 [원] | 부가세 [원] | 기반기금 [원] | 세대요금 [원] |
|---|---|---|---|---|---|---|---|---|
| 1 | 180 | 910 | 16,794 | -4,000 | 13,704 | 1,370 | 500 | 15,570 |
| 2 | 280 | 1,600 | 33,692 | | 35,292 | 3,529 | 1,300 | 40,120 |
| 3 | 320 | 1,600 | 41,208 | | 42,808 | 4,281 | 1,580 | 48,660 |
| 4 | 370 | 1,600 | 50,603 | | 52,203 | 5,220 | 1,930 | 59,350 |
| 5 | 410 | 7,300 | 59,046 | | 66,346 | 6,635 | 2,450 | 75,430 |
| 6 | 390 | 1,600 | 54,361 | | 55,961 | 5,596 | 2,070 | 63,620 |
| 7 | 270 | 1,600 | 31,813 | | 33,413 | 3,341 | 1,230 | 37,980 |
| 8 | 190 | 910 | 17,727 | -4,000 | 14,637 | 1,464 | 540 | 16,640 |
| 9 | 230 | 1,600 | 24,297 | | 25,897 | 2,590 | 950 | 29,430 |
| 10 | 260 | 1,600 | 29,934 | | 31,534 | 3,153 | 1,160 | 35,840 |
| | | | | | | | 합계 | 422,640 |

이제 공용부 전기요금을 계산할 차례입니다. 종합계약에서 공용부 전력요금은 아래 표와 같이 일반용전력(갑) I 요금제(계약전력 300kW 미만)가 적용됩니다. 해당 요금제는 저압, 고압 A과 고압 B으로 구분되고 고압 A와 고압 B는 각각 선택 I과 II의 옵션이 있어 총 5개의 요금제가 존재합니다. 저압은 표준전압 220V, 380V 고객, 고압 A는 표준전압 3,300V 이상 66 kV 이하, 고압 B는 표준전압 154kV 고객에 적용되므로, 아파트 단지는 고압 A에 해당됩니다. 따라서 일반용전력(갑) I 고압A 요금제의 선택 I과 선택 II를 선택할 수 있는데, 선택 I은 기본요금이 저렴한 대신 전력량 요금이 비싼 요금제이고, 선택 II는 기본요금이 비싼 대신 전력량 요금이 저렴한 요금제입니다. 본 예시에서는 일반용전력(갑) I 고압 A-선택 I 요금제로 가정해서 공용부 전력요금을 산정해보겠습니다.

표 14-6. 종합계약 시 공용부에 적용되는 일반용 전력 요금제

일반용전력(갑) I                                    * 계약전력 300kW 미만

| 구분 | | 기본요금 (원/kW) | 전력량 요금 (원/kWh) | | |
|---|---|---|---|---|---|
| | | | 여름철 (6~8월) | 봄가을철 (3~5, 9~10월) | 겨울철 (11~2월) |
| 저압 | | 6,160 | 105.7 | 65.2 | 92.3 |
| 고압A | 선택 I | 7,170 | 115.9 | 71.9 | 103.6 |
| | 선택 II | 8,230 | 111.9 | 67.6 | 98.3 |
| 고압B | 선택 I | 7,170 | 113.8 | 70.8 | 100.6 |
| | 선택 II | 8,230 | 108.5 | 65.5 | 95.3 |

공용부 전기사용량 = 전체 사용량(3,500kWh) - 세대별 사용량 합계 (2,900kWh) = 600kWh

기본요금 산정을 위해 요금적용전력(100kW)에 전체 사용량 대비 공용부 전기사용량의 비율(600/3,500)을 곱해서 공용적용전력을 결정합니다. 여기에서 요금적용전력이란, 검침 당월(10월)을 포함한 직전 12개월(전년도 11월부터 이번 년도 10월) 중 12~2월, 7~9월 그리고 해당 월(본 예시의 경우, 전년도 12월부터 이번 년도 2월, 이번 년도 7~10월 총 7개월)의 최대전력수요 중 가장 큰 값을 사용합니다. 만일 이렇게 결정된 최대전력수요가 계약전력의 30% 미만인 경우에는 계약전력의 30%를 요금적용전력으로 결정합니다.

공용부의 기본요금 : 7,170원/kW x 100kW x (600/3,500) = 122,914원  ④

공용부의 전력량요금 : 71.9원/kWh x 600kWh = 43,140원  ⑤

기본요금(④)과 전력량요금(⑤)을 합해서 결정된 공용부의 전기요금(166,054원)에 부가세(10%)와 전력산업기반기금(3.7%)을 더해서 최종적으로 188,800원이 부과됩니다. 이 금액을 세대에 나누어 최종 세대별 과금액이 결정됩니다.

표 14-7. 종합계약 아파트 단지의 공용부 요금 분배 및 세대별 과금액의 결정 과정

| 호수 | 사용량 [kWh] | 기본요금 [원] | 전력량요금 [원] | 필수보장 [원] | 전기요금계 [원] | 부가세 [원] | 기반기금 [원] | 세대요금 [원] | 공동전기료 [원] | 과금액 [원] |
|---|---|---|---|---|---|---|---|---|---|---|
| 1 | 180 | 910 | 16,794 | -4,000 | 13,704 | 1,370 | 500 | 15,570 | 18,880 | 34,450 |
| 2 | 280 | 1,600 | 33,692 | | 35,292 | 3,529 | 1,300 | 40,120 | 18,880 | 59,000 |
| 3 | 320 | 1,600 | 41,208 | | 42,808 | 4,281 | 1,580 | 48,660 | 18,880 | 67,540 |
| 4 | 370 | 1,600 | 50,603 | | 52,203 | 5,220 | 1,930 | 59,350 | 18,880 | 78,230 |
| 5 | 410 | 7,300 | 59,046 | | 66,346 | 6,635 | 2,450 | 75,430 | 18,880 | 94,310 |
| 6 | 390 | 1,600 | 54,361 | | 55,961 | 5,596 | 2,070 | 63,620 | 18,880 | 82,500 |
| 7 | 270 | 1,600 | 31,813 | | 33,413 | 3,341 | 1,230 | 37,980 | 18,880 | 56,860 |
| 8 | 190 | 910 | 17,727 | -4,000 | 14,637 | 1,464 | 540 | 16,640 | 18,880 | 35,520 |
| 9 | 230 | 1,600 | 24,297 | | 25,897 | 2,590 | 950 | 29,430 | 18,880 | 48,310 |
| 10 | 260 | 1,600 | 29,934 | | 31,534 | 3,153 | 1,160 | 35,840 | 18,880 | 54,720 |
| | | | | | | | 합계 | 422,640 | 188,799 | 611,439 |

종합계약의 전기요금 산정 프로세스를 정리하면 아래와 같습니다.

| 1단계(아파트) : | 아파트 단지 총 사용량(kWh)과 세대별 사용량(kWh) 정보 제공 |
|---|---|
| 2단계(한전) : | 세대별 전기요금과 공용부 전기요금을 각각 산정 |
| 3단계(한전) : | 세대별 전기요금과 공용부 전기요금 부과 |
| 4단계(아파트) : | 공동전기료 산정하여 관리비 영수증으로 과금 |
| 5단계(세대) : | 전기요금 납부 |

본 예시에서는 단일계약이 종합계약에 비해 167,869원 저렴한 것으로 계산되었습니다만, 실제 아파트 단지의 경우 세대수가 많고, 계약전력 및 요금적용 전력값이 본 예시와 다르기 때문에 단일계약과 종합계약의 상대적인 차이가 예시만큼 크지는 않을 것입니다. 또한 공용부의 전력사용량의 비율이 본 예시의 경우, 17.1%였으나 이 비율이 증가할수록 종합계약이 단일계약보다 유리합니다. 일반적으로 전체 전력사

용량 중 공용부의 비율이 25% 이상인 경우, 종합계약이 단일계약에 비해 유리하다고 알려져 있습니다. 이 역시 세대 수와 전체 사용량, 공용 사용량의 구체적인 값이 결정되면 더 정확하게 비교할 수 있습니다.

다만 최근 들어 종합계약에서 단일계약으로 요금제를 변경하는 아파트 단지의 수가 늘어나는 추세라고 합니다. 이는 에너지 다소비 가전제품(에어컨, 전기레인지, 스타일러 등)의 보급이 확대됨에 따라 세대별 전기사용량이 증가하면서 상대적으로 공용부 전기사용량의 비율이 감소하여 발생하는 현상으로 생각됩니다.

여러분이 거주하고 있는 아파트 단지의 전기요금 정보가 궁금하신 분은 한국전력공사 사이버지점 홈페이지(cyber.kepco.co.kr)에서 전기요금 계산기 메뉴를 통해 종합계약과 단일계약 중 어떤 계약이 우리 아파트 단지에 유리한 지 요금계산 비교를 한 번 해보시는 것도 좋으리라 생각됩니다. 참고로 아파트 관리비 영수증 뒷면에는 검색이 가능한 10자리의 고객번호가 공개되어 있으니 해당 사이트를 통해 단일계약과 종합계약의 전기요금 차이를 직접 확인해 보시기 바랍니다.

그림 14-4. 한국전력공사 홈페이지의 요금계산 비교

일반인을 위한 생활 속 전기공학 지침서
**슬기로운 전기생활**

## 제 15 화
## 주택용 계시별 선택요금제

# 제 15 화
# 주택용 계시별 선택요금제

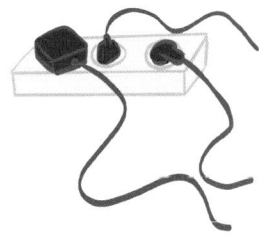

　앞서 살펴본 공동주택용 전기요금의 핵심 내용을 정리하면, 단일계약의 경우 세대부와 공용부의 전기요금을 합해서 주택용 고압 전기요금이 적용되고, 종합계약의 경우 세대부는 주택용 저압 전기요금이, 공용부는 일반용 전력(갑)1 고압 A의 전기요금이 적용됩니다. 여기에서 주택용 고압 전기요금제(저압 혹은 고압)는 한 달의 전기 사용 총량(kWh)을 기준으로 기본요금이 적용되고, 전력량 요금은 200kWh 간격의 3단계 **누진제**가 적용되고 있습니다. 종합계약 시 공용부에 적용되는 일반용 전력(갑)1 요금제에서는 계약용량에 따라 기본요금이 적용되고, 전

력량 요금은 계절별 차등 요금이 적용됩니다.

이전까지는 누진제만 적용되었던 주택용 전기 요금제도에 계시별 요금제를 추가함으로써 기존 누진제와 주택용 계시별 요금제 중 우리 집의 전력 소비 패턴에 좀 더 유리한 요금제로 선택이 가능하도록 변경될 예정입니다. 다만 주택용 AMI(Advanced Metering Infrastructure) 보급률(전국 42.7%)을 감안하여 현재 보급률이 100%에 가까운 제주 지역부터 2021년 7월 1일부로 우선 시행됩니다.

이는 우리 가정에서 사용하고 있는 전력량계가 바뀌어야 함을 의미합니다. 기존에 우리 가정에서 주로 사용되는 전력량계는 기계식 **적산 전력량계**로, 우리 집 주위에서 아래 그림 15-1과 같이 생긴 전력량계를 쉽게 찾아볼 수 있을 겁니다. 정면 상단에는 지금까지 사용한 전력량(kWh)의 누계를 보여주는 기계식 디스플레이가 있고, 중간에는 은색 디스크가 빙글빙글 돌아가고 있습니다. 이는 집으로 흘러 들어가는 전류량이 증가할수록 전선 주위에 강한 자계(magnetic field)가 형성되는 원리를 이용하여 사용전력이 클수록(주택으로 흐르는 전류가 클수록) 디스크의 회전 속도가 빨라집니다. 따라서 매월 정해진 일자에 누적 사용량을 검침하여, 지난 달의 누적 사용량을 빼줌으로써 한 달 동안에 사용한 누적 전력량을 산정하게 됩니다. 이 장비로는 매 시간마다 전력 사용량을 검침하는 것이 불가능하므로, 주택용 계시별 요금제를 선택하기 위해서는 시간대별로 전력 사용량을 자동적으로 측정할 수 있는 **전자식 전력량계**가 설치되어야 합니다.

그림 15-1. 기계식 부통전력량계

신설되는 주택용 계시별 요금제의 요금표는 아래와 같습니다.

표 15-1. 2021년 신설되는 주택용 계시별 요금제

주택용 계시별 선택요금제 (2021. 7. 1 이후)

| 기본요금 (원/kW) | 전력량 요금 (원/kWh) | | |
|---|---|---|---|
| | 시간대 | 봄가을철 (3~5, 9~10월) | 여름겨울철 (6~8, 11~2월) |
| 4,310 | 기타시간대 (21:00~09:00) | 94.1 | 107.0 |
| | 수요시간대 (09:00~21:00) | 140.7 | 188.8 |

* 요금적용전력은 3kW로 일괄적용, 동하계(6~8, 11~2월)에 월 1,000kWh를 초과하는 경우, 초과사용량에 대하여 1kWh당 704.5원 적용

평소 전기요금에 관심이 있는 분이라면 위의 표를 보고 기존의 계시별 요금제와의 차이를 간파하셨으리라 생각됩니다. 기존의 계시별 요금제는 계절을 총 3개(여름, 봄가을, 겨울)로 구분하는데 반해 주택용 계시별 요금제에서는 **봄가을철과 여름겨울철의 2개의 계절로만 구분**되어 있습니다. 또한 기존의 계시별 요금제는 경부하, 중간부하, 최대부하의 총 3개의 시간대로 구분되나 여기에서는 **수요시간대와 기타시간대의 2개의 시간대로 구분**을 간략화했습니다. 이는 앞서 언급한 바와 같이 전국 단위 전력수요 패턴과 평균적인 주택에서의 전력수요 패턴이 서로 상이하기 때문입니다. (그림 13-1 참조)

여기에서 우리의 관심은 기존의 주택용 누진제와 계시별 선택요금제 중 어떤 요금제가 우리 집에 유리한지 판단하는 것입니다. 아래의 그래프는 월 350kWh(일 11.667kWh로 가정)를 사용하는 평균적인 공동주택 1세대의 1일 시간대별 전력수요 패턴을 보여주고 있습니다.

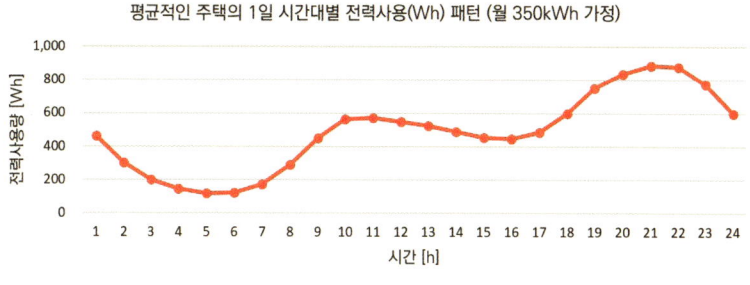

그림 15-2. 평균적인 주택(1세대)의 1일 시간대별 전력수요 패턴

주택의 전기 사용 패턴에 따른 계시별 요금제의 요금 비교를 위해서 **봄가을철, 월간 총사용량 350kWh로 동일하게 가정**하고, ① **평균적인 주택**(빨간색), ② **주간 부하 집중형 주택**(노란색 막대), ③ **야간 부하 집중형 주택**(파란색 막대)의 전력수요 패턴을 아래의 그림과 같이 가정(이 때, ②번과 ③번 부하의 시간대별 증감 비율을 20% 수준에서 비슷하게 맞춤)해서 전기요금을 계산해보겠습니다.

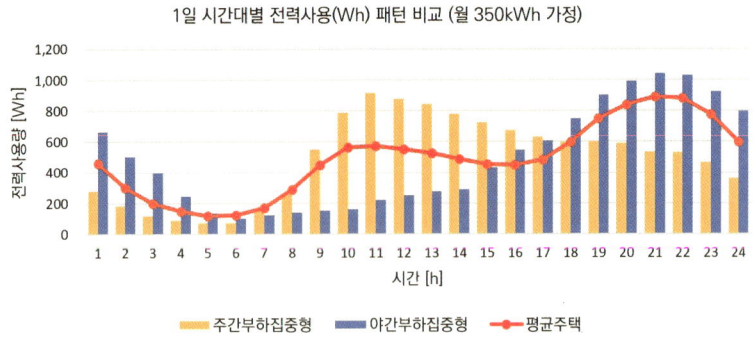

그림 15-3. 전력소비 유형별 주택(1세대)의 1일 시간대별 전력수요 패턴 비교

먼저 기존의 누진제를 생각해보면, 위의 세 경우(평균 주택, 주간 부하 집중형, 야간 부하 집중형) 모두 월 350kWh에 대한 전기요금이 부과되므로, 원가연계형이 적용되는 2021년 1월 이후 단일계약(주택용 고압)의 경우 43,270원, 종합계약(주택용 저압)의 경우 54,000원의 전기요금이 부과됩니다.

① 평균적인 주택과 ② 주간 부하 집중형, ③ 야간 부하 집중형 주택

에 주택용 계시별 요금제를 적용한 결과는 아래의 표 15-2와 같이 계산되었습니다.

표 15-2. 전력소비 유형별 주택용 계시별 요금제 적용 결과 비교

| 시간대 | 월간 전력 사용량(Wh) | | | 봄가을철 시간대별 전기요금(원) | | | |
|---|---|---|---|---|---|---|---|
| | 평균적인 주택 | 주간부하집중형 | 야간부하집중형 | 평균적인 주택 | 주간부하집중형 | 야간부하집중형 | |
| 1 | 13,880 | 8,330 | 19,880 | 1,306 | 784 | 1,871 | |
| 2 | 9,090 | 5,430 | 15,090 | 855 | 511 | 1,420 | |
| 3 | 5,970 | 3,600 | 11,970 | 562 | 339 | 1,126 | |
| 4 | 4,380 | 2,640 | 7,380 | 412 | 248 | 694 | |
| 5 | 3,510 | 2,100 | 4,110 | 330 | 198 | 387 | |
| 6 | 3,630 | 2,190 | 3,030 | 342 | 206 | 285 | |
| 7 | 5,130 | 4,620 | 3,630 | 483 | 435 | 342 | |
| 8 | 8,640 | 7,770 | 4,140 | 813 | 731 | 390 | 기타시간대 |
| 9 | 13,530 | 16,470 | 4,530 | 1,904 | 2,317 | 637 | 수요시간대 |
| 10 | 16,860 | 23,580 | 4,860 | 2,372 | 3,318 | 684 | |
| 11 | 17,130 | 27,390 | 6,630 | 2,410 | 3,854 | 933 | |
| 12 | 16,470 | 26,340 | 7,470 | 2,317 | 3,706 | 1,051 | |
| 13 | 15,780 | 25,260 | 8,280 | 2,220 | 3,554 | 1,165 | |
| 14 | 14,640 | 23,430 | 8,640 | 2,060 | 3,297 | 1,216 | |
| 15 | 13,590 | 21,750 | 12,990 | 1,912 | 3,060 | 1,828 | |
| 16 | 13,440 | 20,130 | 16,440 | 1,891 | 2,832 | 2,313 | |
| 17 | 14,550 | 18,900 | 18,150 | 2,047 | 2,659 | 2,554 | |
| 18 | 17,970 | 17,970 | 22,470 | 2,528 | 2,528 | 3,162 | |
| 19 | 22,500 | 18,000 | 27,000 | 3,166 | 2,533 | 3,799 | |
| 20 | 25,140 | 17,580 | 29,640 | 3,537 | 2,474 | 4,170 | 수요시간대 |
| 21 | 26,700 | 16,020 | 31,200 | 2,512 | 1,507 | 2,936 | 기타시간대 |
| 22 | 26,370 | 15,840 | 30,870 | 2,481 | 1,491 | 2,905 | |
| 23 | 23,190 | 13,920 | 27,690 | 2,182 | 1,310 | 2,606 | |
| 24 | 17,910 | 10,740 | 23,910 | 1,685 | 1,011 | 2,250 | |
| 총합 | 350,000 | 350,000 | 350,000 | 42,330 | 44,902 | 40,722 | |
| | | | | 4,233 | 4,490 | 4,072 | 부가가치세 |
| | | | | 1,560 | 1,660 | 1,500 | 기반기금 |
| | | | | 48,123 | 51,052 | 46,294 | 최종전기요금 |

오전 9시부터 오후 9시까지 수요시간대의 전기요금이 기타시간대에 비해 높은 요금이 부과되므로 낮 시간에 전기수요가 적고, 밤 시간에 전기수요가 높은 **야간 부하 집중형의 가정에서 주간 부하 집중형 가정**

**에 비해 계시별 요금제의 효과를 보는 것은 당연한 결과입니다.**

다만 위의 예시는 세대에 부과되는 요금만 산정한 것이라, 공동주택의 경우에는 공용부 전기요금의 분배에 따라 각 세대에 최종적으로 부과되는 전기요금은 달라집니다. 위의 예시만으로 어떤 요금제가 효과가 좋다고 단정지을 수는 없습니다. 다만 우리 집의 전력수요가 주간에 집중되는지 야간에 집중되는지를 먼저 분석해보아야 합니다. 한 달간 사용한 총 전력량과 시간대 사용량, 공동주택 계약방식 등에 따라 결과가 달라질 수 있다는 점을 꼭 기억해주시기 바라며, 요즘에는 가정용 세대분전반에 연결해서 소비전력을 실시간으로 측정하고, 핸드폰 앱으로도 보여주는 스마트홈 IoT제품들이 많이 출시되어 있으니 그런 제품들을 활용하여 우리 집의 시간대별 전력 소비패턴을 측정해보고 그에 맞는 가장 합리적인 전기요금 제도를 선택해보는 것도 좋지 않을까요?

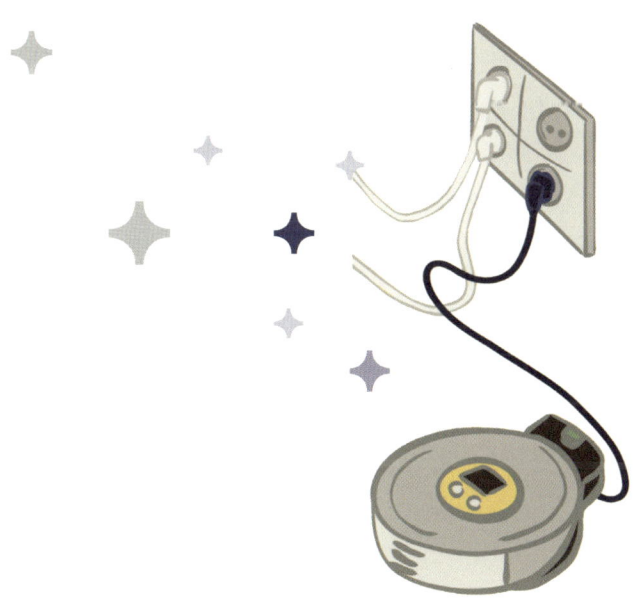

일반인을 위한 생활 속 전기공학 지침서
# 슬기로운 전기생활

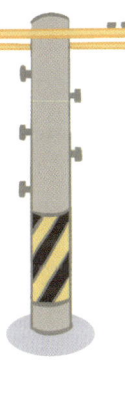

# 제 16 화
# 전기요금 줄이기 프로젝트

## (1) LED등 교체 효과

# 제 16 화
# 전기요금 줄이기 프로젝트
## (1) LED등 교체 효과

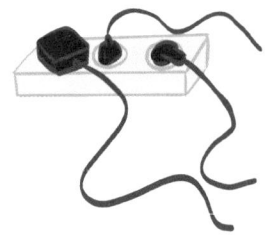

지난 13화부터 15화까지 총 3회에 걸쳐 주택용 전기요금에 대해 알아보았습니다. 수용가에게 부과되는 전기요금은 한 달 동안 사용한 총 전력량(kWh)을 기반으로 계산됨을 이해하였습니다. 그렇다면 우리 집의 전기요금을 줄이기 위해서 우리가 할 수 있는 일은 무엇일까요?

위에서 언급한 바와 같이 **전기요금은 전력량(kWh)에 의해 결정되**고 **전력량은 전력(kW)과 시간(h)의 곱으로 계산됨**을 우리는 이미 알고 있습니다. 따라서 **전력량을 줄이기 위해서는** 매 순간 사용하는 **전력**

**(kW)을 줄이거나**, 전기를 **사용하는 시간(h)을 줄여야** 합니다. 아무도 없는 방이나 화장실에 켜져 있는 전등을 끄거나, 외출할 때 집 안의 전등과 전기제품을 끄는 등의 습관적인 행동을 통해, 우리는 전기를 사용하는 시간을 최소화함으로써 전력량을 줄이는 노력을 몸소 실천해오고 있습니다. 적어도 우리의 어머니만큼은…

전기를 사용하는 시간을 최소화한다는 가정 하에, 우리 집에서 사용하는 전기제품의 소비전력을 줄이는 방법에 대해서 알아보겠습니다.

참고문헌[2]에 따르면 일반적인 가정에서의 한 달 전기사용량의 약 **10~20% 정도는 조명부하에 의한 전력소비**라고 합니다. 해당 조사 이후 10년이 지난 지금은 에어컨, 전기레인지(인덕션), 에어드레서 등의 에너지 다소비 가전제품의 보급 확대로 인해 그 비율이 다소 줄어들었을 거라 생각됩니다만, 최근에는 코로나로 인해 가정에서의 생활시간이 늘어나면서 여전히 10~20% 정도 차지하고 있다고 생각됩니다. (이와 관련해서 최근 자료를 찾아보았습니다만 명확하게 설명된 조사 자료는 찾기 힘드네요) 따라서 다른 집이 아닌 필자의 집(4인 거주, 30평대 아파트)을 대상으로 LED 교체 효과에 대해 살펴보겠습니다. (개인 프라이버시입니다만 독자 여러분들의 이해를 돕기 위해서라면…)

---

2) 서울시 가정용 전력소비의 변화요인과 저감방안(서울연구원, 2013.9)

저희 집 조명부하의 종류와 개수, 소비전력과 1일 사용 시간을 정리해보면 아래의 표 16-1과 같습니다. (참고로 각 조명부하의 사용 시간은 조명의 주 사용자인 가족 구성원의 의견을 100% 반영하였습니다.) 다만, 거실 조명의 경우, 거실등 3개 중 몇 개를 켜느냐에 따라 총 3개로 모드로 구성됩니다. 주로 거실등 1개 혹은 2개를 사용하고, 평균적으로 1개 사용 4시간, 2개 사용 2시간으로 생각하면, 하루 평균 거실등의 전력소비량은 110(W)×4(시간) + 220(W)×2(시간) = 880(Wh)로 계산됩니다. 이를 거실등 3개를 모두 켜는 경우로 환산하여 2시간 40분(=2.667시간)으로 산정하였습니다.

표 16-1. 가정 내 조명기구의 종류, 개수, 소비전력 및 사용시간 조사(필자의 집 예시)

| 위치 | 전구 종류 | 소비전력(W) | 전구 수 | 등 수 | 1일 평균 사용시간(h) | 1일 전력량(Wh) | 1달 전력량(kWh) |
|---|---|---|---|---|---|---|---|
| 거실* | 형광등(FPL) | 55 | 2 | 3 | 2.667 | 880 | 26.4 |
| 안방* | 형광등(FPL) | 32 | 3 | 1 | 1 | 96 | 2.88 |
| 방1* | 형광등(FPL) | 32 | 3 | 1 | 8 | 768 | 23.04 |
| 방2* | 형광등(FPL) | 32 | 3 | 1 | 6 | 576 | 17.28 |
| 주방* | 형광등(FPL) | 32 | 2 | 2 | 6 | 768 | 23.04 |
| 식탁 | 형광등(FPL) | 32 | 1 | 1 | 4 | 128 | 3.84 |
| 욕실1* | 형광등(FPL) | 55 | 1 | 1 | 1 | 55 | 1.65 |
| 욕실2* | 형광등(FPL) | 55 | 1 | 1 | 0.5 | 27.5 | 0.825 |
| 파우더실 | 형광등(FPL) | 32 | 1 | 2 | 0.3 | 19.2 | 0.576 |
| 다용도실 | 전자식램프(EL) | 14 | 1 | 3 | 0.2 | 8.4 | 0.252 |
| 현관 | LED | 18 | 1 | 1 | 0.5 | 9 | 0.27 |
| 발코니 | 전자식램프(EL) | 14 | 1 | 1 | 0.2 | 2.8 | 0.084 |
| 우리 집의 한 달 평균 조명부하 총 전력량(kWh) | | | | | | | 100.137 |

* : LED등으로 교체

필자의 집의 한 달 평균 전력량이 약 440kWh(전기를 많이 사용하는 편)임을 감안하면 대략 23% 정도를 조명부하에서 소비하고 있습니다.

이 중에서 거실, 안방, 애들 방, 주방, 욕실에서 사용하는 형광등을 LED등으로 교체해보았습니다. 시공은 전공과 군시절 시설병의 특기를 살려 제가 직접 했습니다. 이 광경을 지켜보던 와이프는 매우 뿌듯해 하는 반면 아이들은 아빠 감전되면 어쩌냐며…애들아 아빠는 슈퍼맨이야 걱정마~~^^

LED에 대해 조금 알아보면, Light Emitting Diode의 줄임말로 우리나라 말로는 '발광다이오드'라 불립니다. 다이오드(diode)는 양전하 즉, 정공(positive hole)을 많이 지녀 전기적으로 양(+)의 성질을 띄는 p형 반도체와 자유전자를 많이 지녀 전기적으로 음(-)의 성질을 띄는 n형 반도체를 접합해서 만든 반도체소자로서 아래의 그림과 같이 표현할 수 있습니다.

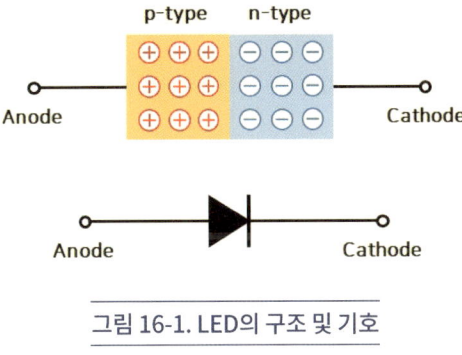

그림 16-1. LED의 구조 및 기호

여기서 애노드(Anode)와 캐소드(Cathode)에 대해 잠깐 설명하자면, 흔히 전극을 표현할 때 양극(+)과 음극(-)이라는 극성을 사용하는데, 반도체 소자에서는 이런 표현보다는 애노드(Anode)와 캐소드(Cathode)라는 표현을 사용합니다.

- 애노드(Anode) : 산화전극으로 전자가 나가는 전극
- 캐소드(Cathode) : 환원전극으로 전자가 흘러들어오는 전극

전기회로에서는 전원(generator)인지 부하(load)인지에 따라 내부적으로 전류의 방향이 달라지는데, 예를 들어 충전지(Rechargeable battery)는 방전하는 경우에는 전원(generator)으로서, 충전하는 경우에는 부하(load)로서 동작하게 됩니다. 충전지의 (+)단자를 기준으로 보면, 방전하는 경우에는 충전기의 (+)단자로부터 전류가 나가고(즉, 전자는 흘러 들어오고), 충전하는 경우에는 충전기의 (+)단자로 전류가 흘러 들어가게(즉, 전자는 나가게) 됩니다. 따라서 전원(generator) 역할을 하는 소자의 경우, (+)극을 캐소드, (-)극을 애노드라 하고, 부하(load) 역할을 하는 소자의 경우, (+)를 애노드, (-)극을 캐소드가 됩니다. 즉, 회로소자의 역할에 따라 양 극에서의 전류의 흐름이 바뀐다는 겁니다. 애노드와 캐소드에 대해서 헷갈린다면 제가 예전에 공부했을 때 사용했던 비법 공개!! 'Out Come In'으로 외우자!!

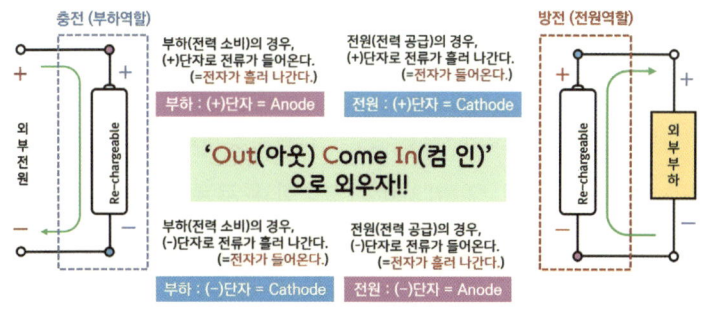

그림 16-2. Anode와 Cathode

다시 다이오드로 돌아와 그림 16-3을 보겠습니다. 다이오드의 애노드에 외부전원의 (+)가 인가되고 캐소드에 (-)가 인가되는 경우, n형 반도체에 있던 전자들은 p형 반도체의 정공을 채우기 위해 p-n 접합부를 지나 p형 반도체 쪽으로 이동합니다. 이와 동시에 n형 반도체에 부족해진 전자를 전원으로부터 공급받게 되어 결과적으로 전류는 p형 반도체에서 n형 반도체 방향으로 흐르게 됩니다. 이렇게 p형 반도체 부분에 외부 전원의 (+)가 인가되고 n형 반도체 부분에 (-)가 인가되는 경우를 **순방향 바이어스(forward bias)**라 합니다. 이와 반대로 다이오드의 애노드에 외부전원의 (-)가 인가되고 캐소드에 (+)가 인가되는 경우에는 n형 반도체에 있던 전자들이 전원의 (+)쪽으로 흐르고, p형 반도체의 정공들은 전원의 (-)극으로부터 전자를 공급받아 쉽게 결합하므로, p-n 접합부 간의 전자 이동이 일어나지 않게 되고, 이 경우를 **역방향 바이어스**

(reverse bias)라 합니다. 결과적으로 다이오드에 순방향 바이어스가 걸리면 다이오드를 통해 전류가 흐르고, 역방향 바이어스가 걸리면 전류가 흐르지 않게 됩니다. 이렇게 한 방향(순방향)으로는 전류가 흐르고(도체, conductor), 그 반대 방향(역방향)으로는 전류가 흐르지 않는(절연체, insulator) 소자를 일컬어 **반도체(semi-conductor)**라 부릅니다. 정리하면, LED는 순방향 바이어스에 의해 전류가 흐르면서 빛을 내고, 역방향 바이어스가 걸린 경우에는 전류가 흐르지 않아 빛을 내지 못하는 광반도체 소자입니다.

자, 이제 다시 저희 집의 LED등 교체 상황으로 돌아와서...표 16-2와 같이 LED교체에 따라 예상되는 한 달 평균 조명부하의 총 전력량은 59.382kWh로 교체 전에 비해 약 **41kWh 정도 줄어들 것으로 예상**됩니다. LED 교체 전 440kWh(누진 3단계)에서 교체 후 399kWh(누진 2단계, 신기하게도 399kWh로 딱 2단계 누진 한계치가 나왔네요...^^; 절대로 의도한 게 아닙니다.)로 줄어들 경우, 전력량 요금은 약 9,270원, 기본요금은 6,060원(3단계) – 1,260원(2단계) = 4,800원 절감되어 월 최대 14,000원 정도(누진 단계가 바뀌지 않는 경우, 9,200원 정도)의 전기료가 절약되는 효과를 보게 됩니다. 만일 누진 2단계 가정의 경우에는 월 6,334원의 절약 효과가 기대됩니다.

기존에 사용하던 형광등을 LED등으로 교체하는 것은 에너지 효율

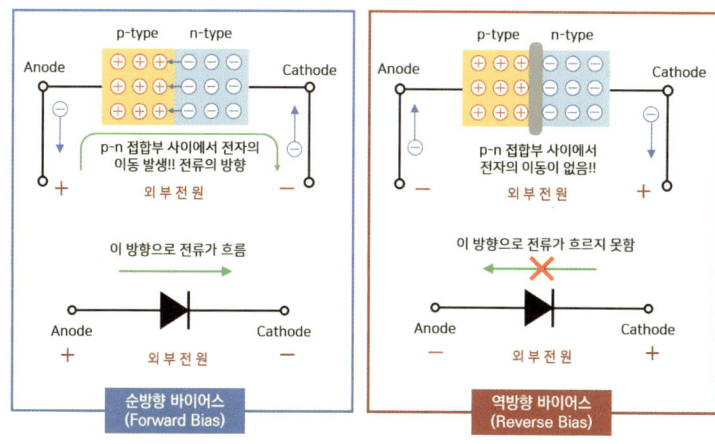

그림 16-3. 반도체에서의 순방향 바이어스와 역방향 바이어스

표 16-2. LED 교체 후 조명기구의 소비전력의 변화 (필자의 집 예시)

| 위치 | LED 교체 전 1달 전력량 (kWh) | LED 소비전력 (W) | 전구 수 | 등 수 | 1일 평균 사용시간 (h) | 1일 전력량 (Wh) | LED 교체 후 1달 전력량 (예상, kWh) |
|---|---|---|---|---|---|---|---|
| 거실* | 33 | 36 | 2 | 3 | 2.667 | 576 | 21.6 |
| 안방* | 2.88 | 50 | 1 | 1 | 1 | 50 | 1.5 |
| 방1* | 23.04 | 50 | 1 | 1 | 8 | 400 | 12 |
| 방2* | 17.28 | 50 | 1 | 1 | 6 | 300 | 9 |
| 주방* | 23.04 | 36 | 1 | 2 | 6 | 432 | 12.96 |
| 식탁 | 3.84 | | | | | | 3.84 |
| 욕실1* | 1.65 | 36 | 1 | 1 | 1 | 36 | 1.08 |
| 욕실2* | 0.825 | 36 | 1 | 1 | 0.5 | 18 | 0.54 |
| 파우더실 | 0.572 | | | | | | 0.576 |
| 다용도실 | 0.252 | | | | | | 0.252 |
| 현관 | 0.27 | | | | | | 0.27 |
| 발코니 | 0.084 | | | | | | 0.084 |
| LED 교체 후 우리 집의 한 달 평균 조명부하 총 전력량(예상, kWh) | | | | | | | 59.382 |

이 높은 전기제품을 사용한다는 의미입니다. 물론 수명에 대한 이슈가 있을 수 있습니다만...따라서 전등 이외의 전기제품들을 구매 시에도 에너지 효율을 고려해서 에너지 효율 등급이 높은 제품을 구입한다면 우리 집의 전력소비를 줄이는데 큰 도움이 되겠죠?

일반인을 위한 생활 속 전기공학 지침서
# 슬기로운 전기생활

## 제 17 화
# 전기요금 줄이기 프로젝트

### (2) 에너지 고효율 제품과 대기전력 저감

# 제 17 화
# 전기요금 줄이기 프로젝트
## (2) 에너지 고효율 제품과 대기전력 저감

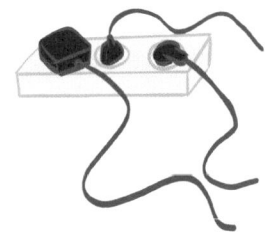

　지난 시간에 이어서 우리 집의 전기요금을 줄이기 위한 두 번째 프로젝트로 '에너지 고효율 제품과 대기전력 저감'에 대해 알아보도록 하겠습니다.

　우리나라에서는 이미 1990년대부터 에너지 기기의 효율 향상과 에너지 고효율 제품의 보급 확대를 장려하기 위한 제도로서, ① **에너지 소비효율 등급 표시제도**, ② **고효율 에너지 기자재 인증제도** 그리고 ③ **대기전력 저감 프로그램**의 3대 효율 관리 프로그램을 운영해 오고 있습니다. 아마 많은 분이 실생활을 통해서 접해본 부분이 아닌가 싶습니다. 전기제품 사용 시 한 번쯤은 봤을 법한 마크들일 테니까요. 이와 관련해서 더 자세한 내용은 한국에너지공단 효율 관리제도 홈페이지(eep.energy.or.kr)를 참고하시기 바랍니다.

표 17-1. 3대 효율 관리 프로그램

| 에너지소비효율<br>등급표시제도 | 고효율 에너지기자재<br>인증제도 | 대기전력<br>저감프로그램 |
|---|---|---|
| [전기냉장고 1등급 표시 라벨] | 고효율기자재 | 에너지절약<br>이 제품은<br>에너지이용합리화법에 의한<br>대기전력저감기준에<br>미달합니다. |
| · 의무적 신고제도<br>· 제품신고 및 에너지소비 효율등급 라벨 의무 표시<br>· 최저소비효율기준(MEPS) 미달 제품에 대한 생산, 판매금지<br>· 냉장고, 에어컨, 유도전동기등 33개 품목<br>(자동차 제외) | · 자발적 인증제도<br>· 기준 적합 시 고효율 기자재인증서 발급<br>· LED조명기기, 펌프, 송풍기 등 22개 품목 | · 의무적 신고제도<br>(일부 품목 제외)<br>· 제품신고 및 기준미달 시 경고라벨 의무표시<br>· 컴퓨터, 모니터 등 21개 품목 |

먼저 **에너지 소비효율 등급 표시제도**는 전기제품의 에너지 소비효율을 5단계로 구분하여 소비자가 효율이 좋은 에너지 절약형 제품을 손쉽게 구매할 수 있도록 도움을 주는 제도로서, 제품별 에너지 소비효율 등급은 대상 품목에 의무적으로 부착되는 라벨을 통해 확인할 수 있습니다. 많이 아시겠지만 **1등급에 가까운 제품일수록 에너지 효율이 좋은 에너지 절약형 제품**입니다. 2021년 기준으로 총 33개 품목에 대해 3,863개 업체, 73,753개의 모델이 등록되어 있으며, 전기제품의 구입 시기와 제품의 종류에 따라 적용되는 라벨의 형태가 다를 수 있습니다.

에너지 소비효율 등급표시 라벨은 크게 ① 에너지 소비효율 등급표시 라벨, ② 에너지 소비효율 표시 라벨, ③ 최저소비효율 기준(MEPS, Minimum Energy Performance Standard) 만족 표시 라벨의 3가지 종류가 있으며, 라벨의 종류와 대상 품목에 따라 기재되는 정보가 아래의 표 17-2와 같이 다양합니다.

두 번째로 **고효율 에너지 기자재 인증제도**는 에너지 절약 효과가 큰 4개 분야, 22개 품목을 대상으로 일정 기준의 에너지 소비효율을 만족하는 경우 고효율 에너지 기자재 인증서 및 마크 표시를 제공하는 자발적 인증제도입니다. 고효율 에너지 인증대상 기자재는 다음의 표 17-3과 같습니다.

표 17-2. 에너지 소비효율 등급 표시 라벨의 종류

| 에너지소비효율<br>등급표시라벨<br>(1~5등급 표시 있음) | 에너지소비효율 표시라벨<br>(1~5등급 표시 없음) | 최저소비효율기준 만족<br>표시라벨 |
|---|---|---|
| [전기냉장고] | [삼상유도전동기] | [선풍기]<br>[백열전구]<br>[형광램프] |
| · 해당 품목 : 총 19개 품목<br>· 연간에너지비용표기<br>있음(13개) : 전기냉장고, 김치냉장고, 전기냉방기, 전기세탁기, 전기냉온수기, 전기밥솥, 전기진공청소기, 공기청정기, 전기냉난방기, 상업용전기냉장고, 텔레비전수상기, 제습기, 의류건조기<br>· 연간에너지비용표기<br>없음(6개) : 가정용가스보일러, 가스온수기, 창세트, 멀티전기히트펌프시스템, 컨버터내장형 LED 램프, 컨버터외장형 LED 램프 | · 해당 품목 : 총 8개 품목<br>· 연간에너지비용표기<br>있음(5개) : 삼상유도전동기, 전기온풍기, 전기스토브, 전기레인지, 공기압축기<br>· 연간에너지비용표기<br>없음(3개) : 변압기, 냉동기, 사이니지 디스플레이 | · 해당 품목 : 총 6개 품목<br>· 연간에너지비용표기<br>없음(6개) : 선풍기, 백열전구, 형광램프, 안정기내장형램프, 어댑터 및 충전기, 셋톱박스 |

표 17-3. 고효율 에너지 기자재 인증제도 분야 및 해당 품목

| 분야 | 기자재 품목 |
|---|---|
| 조명설비 (5개 품목) | ① LED유도등, ② 문자간판용 LED모듈, ③ 등기구, ④ LED 램프, ⑤ 스마트LED 조명시스템 |
| 단열설비 (2개 품목) | ① 고기밀성 단열문, ② 냉방용 창유리필름 |
| 전력설비 (8개 품목) | ① 무정전전원장치(UPS), ② 인버터, ③ 펌프, ④ 원심식 송풍기, ⑤ 터보압축기, ⑥ 전력저장장치(ESS), ⑦ 최대수요전력제어장치, ⑧ 전기자동차 충전장치 |
| 보일러 및 냉난방설비 (7개 품목) | ① 산업·건물용 가스보일러, ② 스크류 냉동기, ③ 직화흡수식 냉온수기, ④ 항온항습기, ⑤ 가스히트펌프, ⑥ 가스진공 온수보일러, ⑦ 중온수흡수식 냉동기 |

마지막으로 **대기전력 저감 프로그램**은 대기(standby) 상태에서 소비되는 전력을 저감하는 제품을 보급하고 관련 기술의 개발을 촉진하기 위한 의무적인 신고제도입니다. **대기전력(standby power)**은 '기기가 외부의 전원과 연결만 되어 있고, **주기능을 수행하지 않거나 외부로부터 켜짐(ON) 신호를 기다리는 상태**에서 소비되는 전력'을 의미합니다. 주로 전원 플러그가 연결된 상태에서 오랜 시간 방치되는 가전제품 21종(컴퓨터(노트북 포함), 모니터, 프린터, 팩시밀리, 복사기, 스캐너, 복합기, 자동절전 제어장치, 오디오, DVD 플레이어, 라디오카세트, 전자레인지, 도어폰, 유무선 전화기, 비데, 모뎀, 홈게이트웨이, 손건조기, 서버, 디지털 컨버터, 유무선 공유기)에 대해 대기전력 저감(경고) 표시제가 의무적으로 적용됩니다.

해당 프로그램을 정확히 이해하기 위해서는 먼저 제품 품목별로 모

드(mode)에 대한 정확한 이해가 선행되어야 합니다. 예를 들어 해당 운영규정[3]에서 정의된 모니터의 모드는 다음과 같습니다.

표 17-4. 모니터의 모드 종류

| 모니터의<br>모드 종류 | 정의 | 소비전력<br>기준치 |
|---|---|---|
| 온모드<br>(On-mode) | 정상적인 동작상태로 제품이 전원에 연결되고 모든 기계적인 스위치가 켜져 있고 이미지를 생산하는 주요 기능을 수행하고 있는 상태 | 화면크기와 해상도별로 상이함 |
| 슬립모드<br>(Sleep-mode) | - 컴퓨터로부터 지시를 받은 후 또는 기타 기능에 의해 모니터의 전력이 저감되는 상태<br>- 이 모드에서는 스크린에 아무것도 표시되지 않으며, 사용자 또는 컴퓨터로부터의 지령(마우스 동작, 키보드 입력)에 의해 가동 상태인 온모드로 전환됨 | 2.0W 이하 |
| 오프모드<br>(Off-mode) | - 전원 스위치를 이용해 전원을 오프시킨 상태<br>- 전원스위치가 2개 이상일 경우 전면에 있는 소프트 스위치를 이용해서 전원을 오프시킨 상태 | 0.5W 이하 |

따라서 모니터의 경우, 대기전력은 슬립모드(주기능을 수행하지 않음)와 오프모드(외부로부터 켜짐 신호를 기다림)에서 소비하는 전력을 모두 의미합니다. 이에 반해 프린터의 경우에는 이와는 다르게 정의됩니다.

대기전력과 관련해서 최근 데이터는 아니지만 2012년 한국전기연구원(KERI)에서 발표한 「2011년 대한민국 대기전력 실측조사」에 따르면 가정에서 사용하는 **전력량의 약 6%가 대기전력에 의한 소비**라고 합니다.

---

3) 산업통상자원부고시 제2020-211호, 대기전력저감 프로그램 운용규정

표 17-5. 프린터의 모드 종류

| 프린터의<br>모드 종류 | 정의 | 소비전력<br>기준치 |
|---|---|---|
| 온모드<br>(On-mode) | 정상적인 동작상태로 제품이 전원에 연결되어 주된 기능의 실행을 포함해 출력 가동하고 있는 소비전력 상태 | 인쇄기술별<br>상이함<br>(주간 소비<br>전력량으로<br>평가됨) |
| 준비모드<br>(Ready-mode) | 제품이 출력을 내지 않고 동작상태에 있으며 어떠한 슬립모드에도 들어가 있지 않고 최소의 이행시간으로 온모드에 들어갈 수 있는 상태 | |
| 슬립모드<br>(Sleep-mode) | 일정 시간 동작이 이뤄지지 않은 후 자동적으로 전환되어 실현되는 저전력 상태 | 잉크젯의 경우에만<br>5.0W 이하 |
| 오프모드<br>(Off-mode) | - 전원 스위치를 이용해 전원을 오프시킨 상태 혹은 자동 오프상태<br>- 전원스위치가 2개 이상일 경우 제조자가 제시하는 주 전원 스위치를 오프한 상태 | 0.5W 이하 |

요즘에는 아래의 그림과 같이 전등 스위치와 함께 콘센트의 전원차단 기능이 포함된 벽면 스위치가 많이 사용되고 있습니다. 방 벽면에 위치한 2개의 콘센트에 일정량 이하의 전류가 흐를 경우, 해당 콘센트에 연결된 전기제품들이 사용되지 않는 것으로 판단하여 개별 콘센트를 차단하거나 일괄차단함으로써 대기전류가 흐르는 것을 원천적으로 방지하는 장치입니다.

그림 17-1. 대기전력 차단 기능이 있는 벽면 스위치

여기서 잠깐! 그림 17-1에서 '대기전력 일괄차단' 부분에 표시된 표식(symbol)을 눈여겨보신 적이 있으신가요? 특히나 아래 그림 17-2과 같은 스위치를 보고 어떤 게 ON인지 OFF인지 헷갈렸던 기억이 있으신가요? 컴퓨터나 프린터 뒷면 전원케이블 연결부에 위치한 바로 그 스위치!! 소위 시소스위치라고 불리는 전원스위치입니다.

그림 17-2. 컴퓨터 후면에 위치한 전원 스위치

그냥 ON 혹은 OFF로 표시를 하지 굳이 왜 이런 표식을 사용하는지? 그나마 그림 17-3과 같이 스위치 근처에 램프나 LED가 있는 경우, 점등되면 ON으로 인지할 수 있는데 램프나 LED가 내장되지 않은 스위치라면 뭐가 켜진 상태인 건지 당연히 헷갈리겠지요? 왠지 'O' 표시가 뭔가 활성화되면서 켜진 상태를, '|' 표시가 사라지면서 꺼진 상태를 의미할 거 같은 느낌적인 느낌...

그림 17-3. 램프가 내장된 전원 스위치

모든 전기제품에는 전 세계적으로 표준화된 ISO(International Organization for Standardization) 기호를 사용합니다. ISO 7000 표준은 전기제품에 사용하는 그래픽 아이콘을 정해놓은 것으로 IEC 60417의 내용을 차용하고 있습니다. 그 중에서 5007번과 5008번 기호가 바로 전원 스위치의 Power ON/OFF 표식입니다.

표 17-6. 전원 스위치의 Power ON/OFF 표식의 구분

| No. 5007<br>"ON" (power) | No. 5008<br>"OFF" (power) |
|---|---|
| ∣ | ○ |
| 전원에 <u>연결됨</u>(ON)을 의미 (<u>숫자 1</u>) | 전원으로부터 <u>차단됨</u>(OFF)을 의미 (<u>숫자 0</u>) |

논리회로에서 사용하는 이진수(binary number)에서 **'0'은 'OFF, 꺼짐'**을 **'1'은 'ON, 켜짐'**을 각각 의미하므로 숫자로 생각하면 그 의미를 구분하기가 한결 수월하겠죠? 이러한 스위치는 OFF 상태에서 선로가 물리적으로 완전히 분리되어 전원공급이 차단됩니다.

다시 대기전력차단 표식으로 돌아가서, 문제는 버튼 하나로 ON/OFF를 동시에 수행하는 스위치입니다. 이 경우에는 아래와 같은 3개의 표식이 사용됩니다.

표 17-7. 전원 스위치의 Power ON/OFF 표식의 종류

| No. 5009<br>"Stand-by" | No. 5010<br>"ON/OFF"<br>(push-push) | No. 5011<br>"ON/OFF"<br>(push button) |
|---|---|---|
| - 온모드에서 누름 동작 시 대기 상태로 진입(대기전력 있음)<br>- 전원 연결과 차단 간의 변환이 아닌 <u>ON과 Stand-by 간의 모드 변환</u><br>- 그림 상으로 전원 차단(O)이 완벽하지 않음을 의미 | - 전원 차단(OFF) 상태에서 누름 동작 시 전원 연결(ON)<br>- 전원 연결(ON) 상태에서 누름 동작 시 전원 차단(OFF) (즉, <u>대기전력 없음</u>) | - 누름 동작 시에만 전원 연결(ON)<br>- 누름 동작 해제 시 전원 차단(OFF) |

중요한 것은 전원에 연결(connect)되느냐 차단(disconnect)되느냐에 따라 대기전력 발생의 여부가 결정된다는 사실입니다. ISO 표준 문서에서는 이를 **connection to the mains(주전원에 연결)와 disconnection from the mains(주전원으로부터 차단)로 표현**하고 있습니다. 전원에 연결이 되어 있으면 어떠한 제품이든 그 크기에는 차이가 있겠지만 대기전력을 소비하게 됩니다. 이를 완전히 차단하는 방법은 전원공급 자체를 차단하는 수밖에 없습니다. ① 전기제품의 전원 플러그를 콘센트에서 뽑아 제거하거나, ② 전원 플러그가 연결된 멀티탭의 전원 스위치를 OFF(O) 상태로 전환하거나, ③ 컴퓨터나 프린터 등과 같이 후면에 있는 전원 스위치(시소스위치)가 있는 경우에는 이 전원 스위치를 OFF(O) 상태로 전환해야 합니다.

오늘 살펴본 바와 같이 서로 다른 종류의 전기제품 간의 소비효율을 상대적으로 비교하는 것은 쉽지 않겠지만 동일한 종류의 제품군에서 제조사와 모델을 선택할 때 에너지 소비효율 등급 라벨과 고효율 에너지 기자재 인증 라벨, 대기전력 저감 라벨 등을 꼼꼼히 확인하고 구입한다면 우리 집의 전기요금 절약에 큰 도움이 되겠지요?

일반인을 위한 생활 속 전기공학 지침서
# 슬기로운 전기생활

# 제 18 화
## 전기요금 줄이기 프로젝트

### (3) 주택용 소형 태양광과 에너지 프로슈머

# 제 18 화
# 전기요금 줄이기 프로젝트
## (3) 주택용 소형 태양광과 에너지 프로슈머

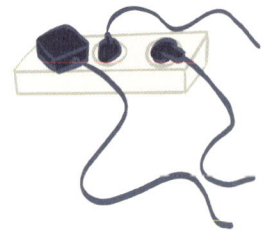

최근 들어 신재생 에너지에 대한 관심이 높아지고, 특히나 지난 수년간 각 지자체에서 태양광 미니발전소 보급사업을 지속해온 결과, 우

리 주변에서 아파트 베란다에 걸린 태양광 패널을 쉽게 찾아볼 수 있게 되었습니다.

주택용 태양광에 대해 살펴보기에 앞서, 전기에 관심이 많은 여러분들에게는 쉬운 일이겠지만, 아직도 주위에서 태양광과 태양열을 혼동하는 경우를 자주 경험하게 됩니다. 심지어는 TV 뉴스에서도 태양광 화면을 보여주며 태양열이라 하는 경우도 있으니까요. 아마도 주택 지붕에 설치된 태양광 패널(이하 태양광)과 태양열 집열기(이하 태양열)가 비슷하게 보이기 때문이겠지요? 아래 사진에서 어떤 것이 태양광이고 태양열인지 구분할 수 있으신가요?

그림 18-1. 태양광 패널(좌)과 태양열 집열기(우)

왼쪽이 태양광 패널이고, 오른쪽은 태양열 집열기입니다. 우선 태양광과 태양열이라는 단어에서의 핵심은 '광(light)과 열(heat)'이겠지요? **태양광 패널은 광전효과**(물질 표면에 높은 에너지의 빛을 쪼여 자유전자가 만들어지는 현상)**를 이용하여 태양으로부터 전기에너지를 만들**

**어내는 장치**입니다. 여기서 중요한 것은 태양광 패널은 전지와 같이 일정 전위에서 전류를 만들어내는 **직류(DC) 전원**이라는 사실입니다. 그래서 태양광 패널을 태양전지라고도 부릅니다. 이에 반해 **태양열 집열판은 태양열을 모아 관 속에 있는 물의 온도를 높임으로써 온수(급탕)를 만드는 장치**입니다. 물론 거울을 이용하여 태양열을 한 곳에 집중시키고 그 열을 이용하여 물을 끓여 발전기를 돌림으로써 교류(AC)형태의 전기에너지를 만드는 태양열 발전도 있습니다만 우리 주위에서 흔히 보는 지붕 위에 설치된 태양열 장비는 대개 열에너지(온수)를 얻는 장비입니다. 태양광은 전기! 태양열은 따뜻한 물!! 따라서 외관상으로 이 두 개를 구분하기 위해서는 표면이 매끈한 패널인지(태양광) 아니면 물이 흐르는 배관(특히 집열판 상부에 축열조나 집수관)이 있는지(태양열)를 구분하면 됩니다.

우리 주위에서 쉽게 볼 수 있는 아파트 베란다에 걸려 있는 검은 색 패널이 바로 태양광 패널입니다. 베란다의 면적에 따라 2개 이상의 패널을 설치할 수도 있겠지만 주로 1개의 패널이 설치되며, 가로 1m, 세로 1.7m 크기의 **태양광 패널 1장의 최대 발전용량은 약 300W**입니다. 물론 패널의 제조 시기에 따라 발전용량은 다를 수 있습니다.

또한 태양광 패널은 일출시간에 발전을 시작하여 태양이 남중하는 시점인 오후 12시~오후 1시경 최대출력을 낸 후 점점 줄어들어 일몰과 함께 발전이 중지되는 패턴을 보입니다. 계절에 따라 일출/일몰시간, 남중고도 등이 달라지고, 날씨 조건(맑음, 구름많음, 구름적음, 흐림, 비)과 패널의 설치각 등에 따라 순간순간 발전량이 달라지므로 그 발전 패턴은 시시각각 조금은 달라지겠지요? 날씨가 맑은 봄날, **300W 태양광 패널에서 발생되는 전력**을 시간대별 그래프로 표현하면 아래의 그림 18-2와 같습니다. 맑은 날 기준 시간대별 발전량을 합산하면 **1일 약 2,300Wh**의 전력을 생산하고, **1달 기준으로 약 60,000~70,000Wh**의 전력을 생산합니다.

그림 18-2. 맑은 봄날의 시간대별 태양광발전 그래프(설비용량 300W인 경우)

자 이제 주택용 소형 태양광 발전의 효과를 알아보기 위해 태양광 패널 설치 전, 월평균 350kWh의 전력을 소비하는 일반적인 주택(그림 18-3)을 생각해보겠습니다. 제14화를 참고하여 종합계약이라 가정하면, 수용가(주택)는 월 350kWh의 전력을 사용하고, 이에 해당하는

55,080원의 전기요금을 전력회사에 납부하게 됩니다.

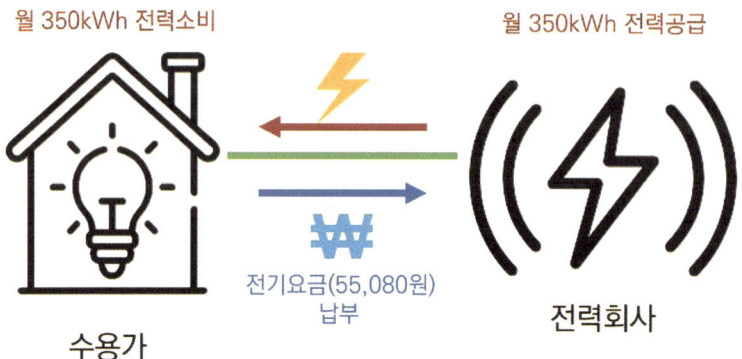

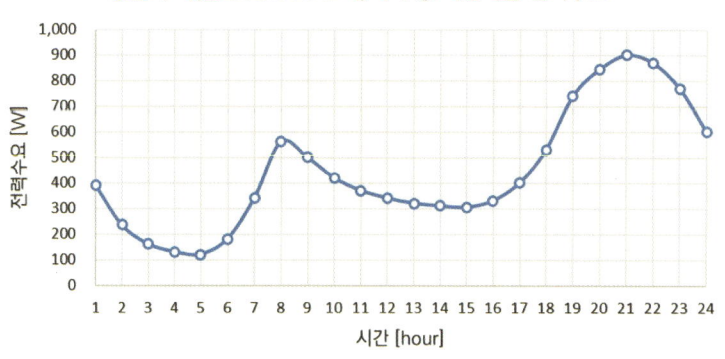

그림 18-3. 월 350kWh 소비하는 수용가의 시간대별 전력수요 그래프

이 주택에 300W 태양광 패널 1장을 설치하면 그림 18-4의 빨간 색 그래프와 같이 태양광 발전량만큼 수용가의 전력수요가 줄어듭니다. 즉, 주택에서의 전력수요는 350kWh로 변하지 않지만 태양광 발전에 의해 70kWh를 공급받음으로써 전력회사로부터 구입하는 전력량(과금

기준)이 280kWh로 줄어들게 되어, 월 약 15,000원의 전기요금 절감 효과를 얻게 됩니다. 물론 날씨(일사량의 차이)와 계절(일출/일몰시간의 차이)에 따라 그 효과는 조금 줄어들 수 있습니다.

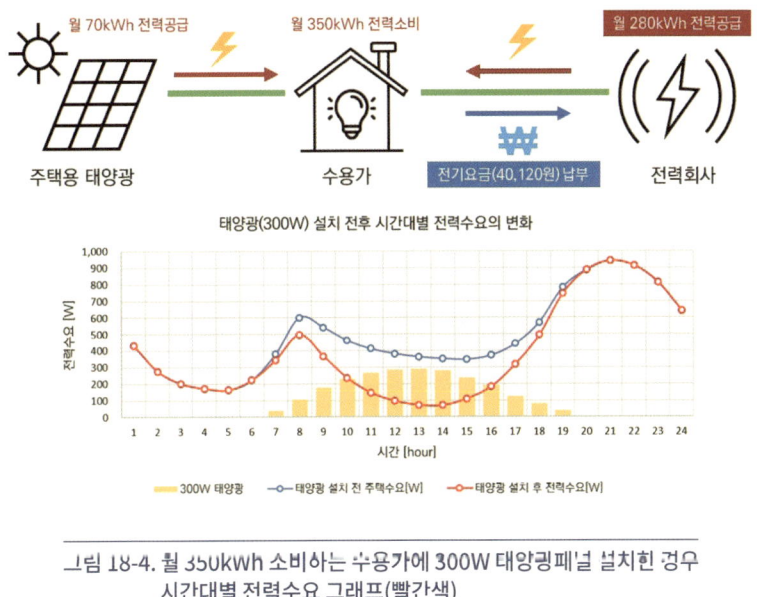

그림 18-4. 월 350kWh 소비하는 수용가에 300W 태양광패널 설치한 경우 시간대별 전력수요 그래프(빨간색)

만일 이 주택에 태양광 패널을 2장(600W 용량)을 설치하는 경우(그림 18-5), 태양광 발전이 최대가 되는 오후 시간에는 주택 전력수요가 마이너스(-)를 기록할 것입니다. 이 경우는 수요가 아닌 공급을 의미합니다.

그림 18-5의 그래프를 자세히 살펴보면 초과 생산하는 11시부터 15

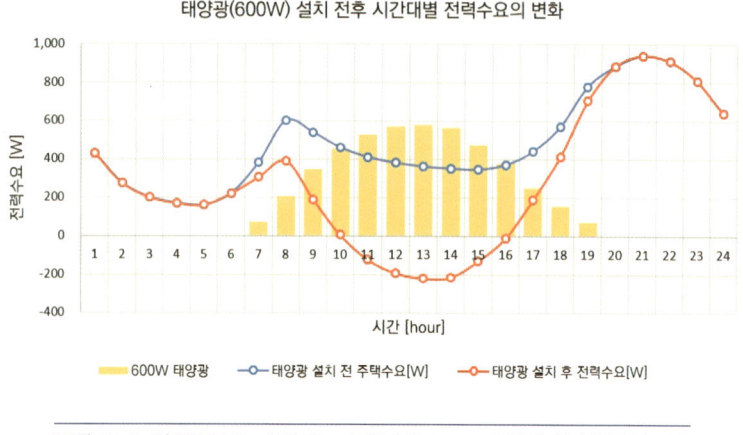

그림 18-5. 월 350kWh 소비하는 수용가에 600W 태양광패널 설치한 경우 시간대별 전력수요 그래프(빨간색)

시까지 약 5시간 동안 우리 집은 전기를 사용(소비)하는 수용가가 아닌 전기를 공급하는 발전원의 역할(마이너스 전력을 소비 = 전력을 공급)을 하게 됩니다. 소형 태양광의 보급으로 인해, 전력을 일방적으로 공급받아 사용하는 수용가(소비자, consumer)에서 일부 시간대에는 전력을 공급하는 생산자(공급자, producer)의 역할을 할 수 있게 된 것입니다. 이를 일컬어 **에너지 프로슈머(prosumer)**라 합니다. 우리 집이 에너지의 생산자(producer)와 수용가(consumer)의 역할을 겸할 수 있게 된 것이죠. 하지만 애석하게도 현재의 전기요금 측량 시스템에서는 계통에서 수용가 방향으로 전달되는 전력량(수용가의 소비전력)만을 계량하는 단방향 전력량계가 사용되고 있으므로 위의 경우에서처럼 초과 생산되는 경우, 소비전력을 그냥 '0'으로 처리하게 됩니다. 따라서 현재의 조건이라면 오후 시간의 전력수요(300~400W)를 초과하지 않는 범위에서 태양광 패널의 용량을 결정하는 것이 가장 경제적이므로 주로 300W 태양광 패널 1개를 설치하는 것이 일반적입니다.

우리는 지금까지 총 3화에 걸쳐 우리 집의 전기요금을 줄이기 위한 프로젝트로 LED 교체, 에너지 고효율 제품, 대기전력, 소형 태양광에 대해 알아보았습니다. 전기공학 분야로의 진학을 희망하는 중고등학생 혹은 전기공학을 전공하고 있는 대학생이라면 우리 집을 대상으로 위의 프로젝트를 수행해보고 그 결과를 비교, 정리해 봄으로써 전기에너지에 대한 이해와 관심이 좀 더 커지고 구체화되지 않을까 생각해 봅니다. 남들보다 높은 점수만을 추구하기보다 남들이 하지 않는 것을 찾아 직접 해보고 실제로 경험하고자 노력하는 관찰력과 분석력, 실천력이 더 가치 있는 스펙이 아닐까요?

일반인을 위한 생활 속 전기공학 지침서
# 슬기로운 전기생활

제 19 화
스마트그리드
(Smart Grid)에서
에너지 프로슈머
(Prosumer)를 위한
거래의 개념

# 제 19 화
# 스마트그리드(Smart Grid)에서 에너지 프로슈머(Prosumer)를 위한 거래의 개념

지난 시간에는 소형 주택용 태양광 패널을 통한 우리 집 전기요금의 절감 효과에 대해 살펴보았습니다. 최근 들어 **스마트그리드(Smart Grid)**라는 용어를 자주 접하게 되는데, 우리가 실생활에서 경험할 수 있는 스마트그리드의 구성 요소 중 가장 대표적인 실물이 바로 태양광 발전이 아닐까 생각됩니다. 참고로 태양광 발전을 의미하는 PV라는 단어가 많이 사용되는데, 이는 빛에너지를 전기에너지로 변환한다는 의미인 'Photovoltaic'의 줄임말입니다.

앞서 언급한 **스마트그리드**는 **지능형 전력망**으로도 불리며, 과거의 전통적인 전력계통과는 달리 다양한 IT 인프라를 활용하여 전력 공급자(utility, 전력회사)와 소비자(end-user, 수용가)가 실시간으로 에너지 관련 정보를 상호 교환함으로써 에너지 효율을 최적화하는 **차세대 전력망**을 의미합니다.

과거의 전력망은 주요 도심지로부터 멀리 떨어진 발전단지에서 화력, 원자력, 수력 등을 이용해 대규모의 전력을 생산(발전, generation)하고, 그물형 구조의 송전선로를 통해 이송(송전, transmission)되어, 수용가 인근에 도달해서 방사형 구조의 배전선로를 통해 배급(배전, distribution)되는 구조를 갖고 있었습니다. 이는 전력을 소비하는 주체로서의 수용가가 점점 특정 지역에 모이면서 대규모 수용가를 형성하게 되었고, 여기서 필요한 **전력을 공급하기 위해서는 대규모의 발전단지**를 조성하는 것이 효율적이었기 때문입니다. 즉, 수용가와 공급자의 역할이 각각 전력의 소비와 공급으로 명확히 구분되었고, 이는 곧 전력계통 내에서 **전기에너지의 흐름(전력조류, power flow)이 공급자에서 수용가의 방향으로 단순하게 결정됨**을 의미합니다.

이러한 전통적인 개념에서의 전력망의 구조적 특징은 다음과 같이 정리할 수 있습니다.

① **공급자 중심의 중앙집중형 전력구조**

: 발전-송전-배전의 에너지 공급망을 하나의 주체가 관리하므로 모든 정보와 이익이 중앙으로 집중되는 구조

② **화석연료 기반의 대규모 발전단지**

: 저렴한 화석연료 기반의 대규모 발전단지로부터 일부 지역에 집중된 대규모 수용가 방향으로의 단순한 전력조류(power flow)가 발생하는 구조

③ **단방향 정보 교환**

: 에너지 계량의 주목적은 과금(요금부과)이므로 공급자에 의해 소비자의 데이터만이 일방적으로 취득되어, 공급자(전력회사)로부터 소비자(수용가)에게 단방향으로 제공되는 구조

하지만 2000년대에 이르러 정보통신 기술과 함께 대용량 전력전자 기술, 에너지 소재 기술 및 각종 전력기기의 성능 향상 등 전력 관련 분야에서 눈부신 기술발전이 이뤄지면서 기존의 전통적인 전력망에서 진일보한 개념의 스마트그리드(지능형 전력망)가 등장하게 되었습니다.

스마트그리드가 기존의 전력망과 구조적으로 차별화되는 부분은 다음과 같습니다.

① **소비자 중심의 분산형 전력구조**

: 발전-송전-배전 단계별 운영 주체의 다각화 및 소비자의 다양한 선택권이 보장되는 분산형 구조

② **신재생에너지 기반의 분산전원 확대**

: 태양광, 풍력 등 신재생 에너지원의 확대와 소형PV, ESS(Energy Storage System, 에너지저장장치), EV(Electric Vehicle)의 V2G기능 (Vehicle-to-Grid, 전기자동차의 계통방전 기능) 등 분산전원을 활용한 전력 공급체계의 소형화 및 다원화 구조

③ **실시간 양방향 정보 교환**

: AMI(Advanced Metering Infrastructure, 지능형 원격검침 인프라)와 EMS(Energy Management System, 에너지관리 시스템)를 통해 공급자(전력회사)와 소비자(수용가) 간의 실시간 에너지 정보 교환이 가능하고, DR(Demand Response, 수요관리), 이웃 간 에너지 거래 등의 다양한 전력서비스 제공이 가능한 구조

스마트그리드를 구성하는 여러 요소 중에서 **태양광(PV)**으로 대표되는 분야가 바로 **재생에너지원(RES, Renewable Energy Resource) 혹은 분산전원(DER, Distributed Energy Resource)** 분야입니다.

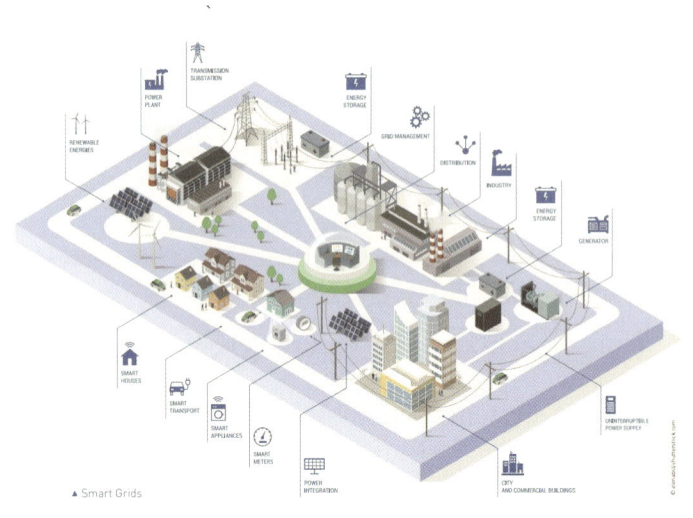

그림 19-1. 스마트그리드의 개념도 (출처: ISGAN Annual Report 2017, iea-isgan.org)

그럼 소형 태양광과 같은 분산전원으로 인해 어떠한 에너지 거래가 가능하게 되는지 살펴보겠습니다. 앞서 언급한 바와 같이, 기존의 전통적인 전력계통에서 수용가는 전력을 소비하는 것이 주목적이었습니다. 따라서 공급자(전력회사)는 전력을 필요로 하는 수용가에게 전력을 공급해주고 그에 해당하는 요금을 징수하여 이익을 창출하였습니다.

여기에서 수용가 측에 소형 태양광을 설치하여 수용가의 소비전력 중 일부를 태양광으로 충당하는 경우, 태양광 발전량만큼 전력회사로부터 공급받는 전력량이 줄어들게 되고 이렇게 줄어든 전력량에 대한 전기요금만 지불하면 됩니다. 하지만 여전히 수용가는 전력을 소비하는 역할만을 수행하는 상황입니다. 다만 그 소비량이 줄어들 뿐이죠.

만일 **태양광 발전량을 별도 계량하여 전력공급량으로 인정**받을 수 있다면, 그리고 더 나아가 태양광패널을 초과 설치하여 잉여의 태양광 발전량을 전력회사에 공급, 판매할 수 있다면 수용가는 단순히 전력을 소비하는 입장에서 전력을 공급하는 입장으로 변하게 됩니다. 스마트 그리드의 실시간 정보 교환과 다양한 에너지 거래 서비스를 통해 수용가의 입장이 바뀌게 된 것입니다. 이를 일컬어 **에너지 프로슈머(prosumer, producer + consumer)**라 부릅니다.

이렇게 수용가의 역할이 과거 **소비의 주체에서 공급의 일환으로 변환**됨에 따라 과금 중심의 과거 요금제와는 달리 다양한 요금거래 제도가 적용될 수 있습니다. 물론 구체적인 제도는 나라별로 다를 수 있으며 개념만 정리해 보겠습니다.

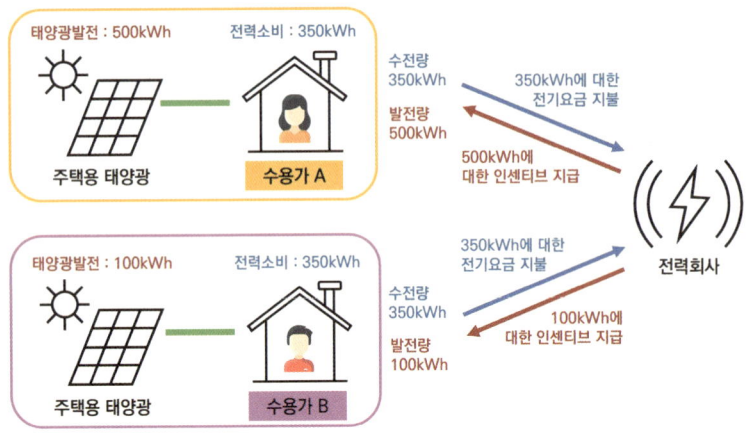

그림 19-2. 전력판매 우선 거래의 개념

먼저 ① '**전력판매 우선**'이라는 거래의 개념을 들 수 있습니다. 이는 전력회사로부터 수전받는 전력에 대해서는 전기요금을 지불하고, 신재생에너지에 의해 발전되는 전력에 대해서는 전력회사에 판매함으로써 전력회사로부터 인센티브를 지급받는 형태입니다. 간단히 '**쓴 만큼 내고, 만든 만큼 받는다**'로 요약할 수 있습니다. 이 경우, 소비전력과 발전전력을 각각 평가해야 하므로 수용가 측과 태양광 패널 측에 각각의 전력량계를 설치해야 합니다.

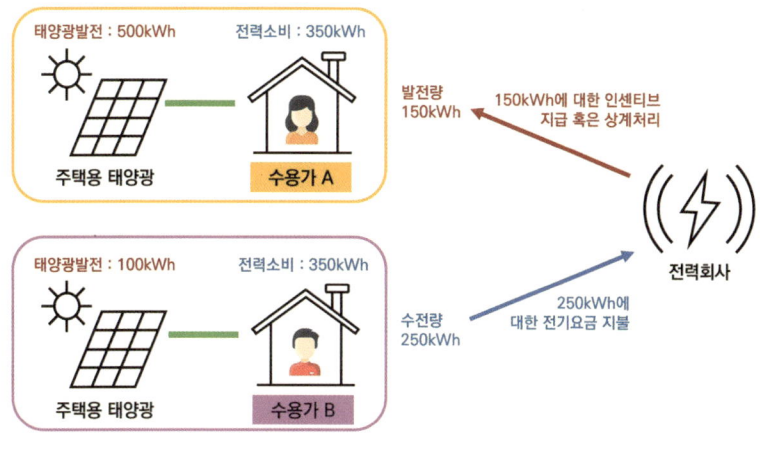

그림 19-3. 자가소비 우선 거래의 개념

② **'자가소비 우선'** 거래는 신재생 에너지원에서 발전된 전력을 우선적으로 자가소비(self-consumption)함으로써 수용가의 소비전력량과 발전량을 합한 결과를 가지고 전기요금 지불 혹은 인센티브 지급을 결정하는 방식으로 **'쓴 양과 만든 양을 차이로 평가한다'**로 요약할 수 있습니다. 아래의 그림에서 발전량이 많은 수용가 A는 그 차이(150kWh 잉여발전)만큼 전력회사로부터 인센티브를 지급받는 것도 가능하고, 다음 달 발전량이 줄어들어 전기요금을 납부하게 되는 상황을 대비하여 다음 달 전기요금에서 상계 차감(남은 양을 버리는 것이 아니라 다음 달로 이월시킴)하는 것도 가능합니다. 자가소비 우선 거래의 경우, 수전량과 발전량을 하나의 전력량계로 측정해야 하며 초과 발전의 경우, 전류의 방향이 바뀌기 때문에 **양방향 전력량계**를 필히 설치해야 합니다.

215

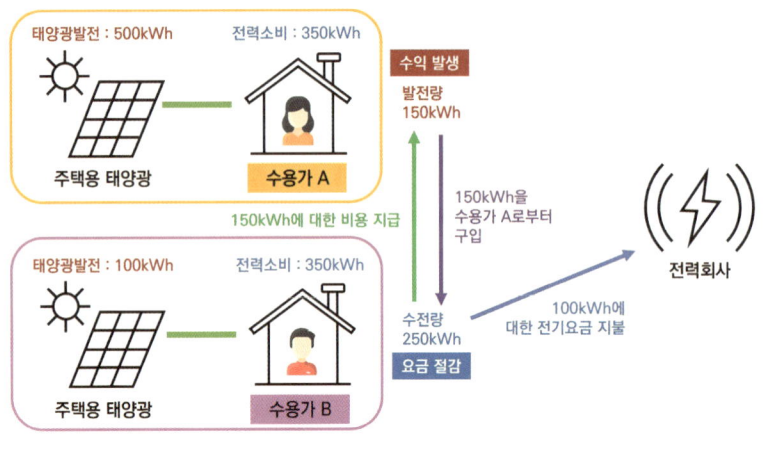

그림 19-4. P2P 거래의 개념

마지막으로 ③ **P2P거래(Peer-to-Peer trade)**라는 개념을 들 수 있습니다. 이는 수용가 간의 거래, 개인 간의 거래, 이웃 간의 거래라고도 불리며, 초과 발전으로 잉여 발전량이 있는 수용가가 해당 잉여 발전량을 전력회사가 아닌 다른 수용가에 판매하는 거래 행위가 가능한 제도를 의미합니다.

그렇다면 위의 3가지 프로슈머 거래의 개념에서 수용가 A, B에게 어떠한 거래 방식이 유리할까요? 그에 대한 정답은 '모른다'입니다. 그림을 통해 알 수 있듯이 거래 가격, 즉, 납부해야 하는 전기요금과 지급받는 판매금액에 따라 여러 가능성이 존재한다는 것입니다. 에너지에 대해 관심이 많은 여러분들이 여러 상황을 가정하고, 그 결과를 비교, 분석하여 각 수용가에게 맞는 최적의 거래제도를 제안하는 것도 가능한 시대가 되었습니다. 과거의 일률적인 전기요금제도(거래제도)와는 달리 각 수용가의 상황과 제도의 선택에 따라 수용가의 수익이 달라지는 것, 그것이 소비자 중심의 다양한 선택권이 보장된 조만간 현실화될 스마트 그리드의 모습 아닐까요?

일반인을 위한 생활 속 전기공학 지침서
# 슬기로운 전기생활

# 제 20 화
# 안전한 전기생활

(1) 합선, 누전 그리고 감전

# 제 20 화
# 안전한 전기생활
## (1) 합선, 누전 그리고 감전

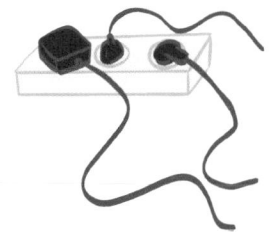

    합선에 의한 화재, 누전에 의한 감전사 등 평소 전기사고에 대한 뉴스를 심심치 않게 접할 수 있습니다. '합선 때문에 스파크가 튀어 불이 났구나', '이런 감전으로 사망에 이를 정도면 얼마나 높은 전압에 감전이 된걸까?' 아마도 해당 뉴스에 대한 가장 일반적인 반응이 아닐까 생각됩니다. 전기에 대해 익숙한 사람이라면 각 용어의 의미를 쉽게 이해할 수 있겠지만 그렇지 않은 일반인의 입장에서 그 의미를 정확히 이해하는 건 쉽지 않을 것입니다.

2019년 한 해 동안 일어난 전기로 인한 화재는 8,155건으로 전체 화재 40,102건 중 20.3%를 차지한다고 합니다(출처: 한국전기안전공사 전기화재 현황 자료). 또한 2015년에 발생한 7,760건의 전기화재의 원인이 되는 발화 형태를 조사한 결과, 단락에 의한 전기화재가 약 2/3를 차지한다고 합니다.

표 20-1. 2015년 전기화재의 원인 (출처: 전기안전기술지 2016년 9~10월호)

| 전기제품 | 단락 | 과부하 | 누전지락 | 접촉불량 | 반단선 | 기타 | 계 |
|---|---|---|---|---|---|---|---|
| 전기화재 건수 | 5,168 | 793 | 304 | 748 | 141 | 606 | 7,760 |
| 구성비(%) | 66.6 | 10.2 | 3.9 | 9.6 | 1.8 | 7.8 | 100.0 |

**단락(short, 쇼트)은 전극의 양극(+)과 음극(-)이 직접 연결되는 현상**으로, 단락이 일어난 회로를 단락회로(short circuit)라 합니다. 앞서 공부했던 옴의 법칙(V=IR 혹은 I=V/R)으로 설명해보겠습니다. 예전에도 얘기한 바 있지만 옴의 법칙을 나타내는 두 식, V=IR과 I=V/R는 등가적이긴 하나 그 의미는 조금 다릅니다. 이는 수학적 함수관계(입력변수 x과 출력변수 y의 관계)를 의미하는 것인데, 'V=RI'는 R[Ω]의 저항에 전류 I[A]를 흘릴 경우, 전류가 들어가는 쪽이 (+)극, 흘러나가는 쪽이 (-)극으로 저항 양 단에 RI[V]만큼의 전위차가 생긴다는 사실을 표현합니다. 즉, 전류가 입력이고 전압이 출력일 경우, 저항은 입력에 곱해지는 계수를 의미합니다. 이에 반해 'I=V/R'는 R[Ω] 저항 양 단에 V[V]의 전압을

걸어주게 되면 (+)극에서 (-)극의 방향으로 V/R[A]만큼의 전류가 흐른다는 것을 표현하는 식으로, 전압이 입력이고 전류가 출력일 때, 저항의 역수(1/R)를 비례상수로 갖는 관계를 의미합니다.

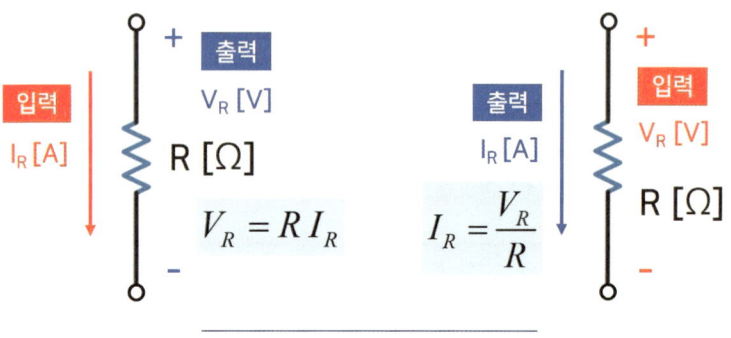

그림 20-1. 옴의 법칙의 두 가지 해석

이전 시간에 공급의 핵심은 전압이라고 했죠? 우리 집에 공급되는 전압이 모두 220V로 일정한 것과 같이…이 경우 식 'V=RI'를 사용해야 할까요? 아니면 'I=V/R'를 사용해야 할까요? 네 맞습니다. 'I=V/R'를 사용해야 합니다. 전압(V)을 공급받는 수용가에 저항(R) 부하를 연결하면 그 결과 전류(I)가 V/R만큼 흐르고 해당 저항부하에서 $V^2/R$[W] 만큼의 전력을 소비하게 됩니다. 이는 곧 전력계통이 $V^2/R$[W] 만큼의 전력을 수용가측에 공급하는 것으로 해석할 수 있다는 것입니다. 이 내용이 지금까지 전압, 전류, 전력, 에너지에 대한 이야기의 핵심입니다.

이제 단락의 경우를 생각해 보겠습니다. **단락(short)은 (+)극과 (-)극이 직접 연결되는 경우로, 저항값이 0인 저항과 병렬로 연결됨을 의**

미합니다. 그림 20-2와 같이 기존의 저항 R[Ω]과 단락 도선(분홍색)의 저항 0[Ω]이 병렬로 연결(아래의 초록색 점선 부분)되어 합성저항은 0[Ω]이 되기 때문에 $I_{in}$=V/0 [A]가 되어 이론적으로 무한대의 전류가 흐르게 됩니다($I_{in}$=∞). 또한 단락 도선으로 인해 저항 R 양 단의 전위가 같아져서 전위차는 0[V]가 되어, 저항 R에는 전류가 흐르지 못하므로($I_R$=0A) 이 무한대의 전류는 단락 도선을 따라 흐르게 됩니다. 이렇게 **단락회로에 흐르는 매우 큰 전류(이론적으로는 무한대)를 단락전류(short circuit current, $I_{sc}$)**라 합니다.

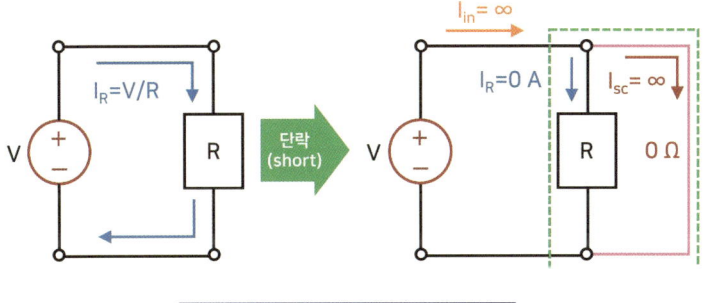

그림 20-2. 단락(Short) 회로의 해석

단락의 반대 개념으로 **개방(open)**이 있습니다. **개방(open)은 전극의 양극(+)과 음극(-)의 연결이 물리적으로 끊긴 현상**으로, 폐회로를 구성하지 못하는 개방회로(open circuit)에서는 전류가 흐르지 못합니다. **개방되어 연결이 끊긴다는 것은 저항값이 무한대인 저항과 직렬로 연결됨을 의미**합니다. 즉, 그림 20-3과 같이 저항 R과 무한대의 저항이 직렬로 연결(아래의 초록색 점선 부분)되어 합성저항은 ∞[Ω]이 된다는 것입니다.

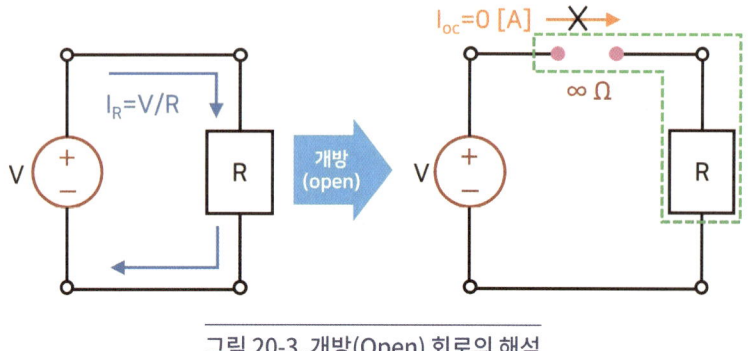

그림 20-3. 개방(Open) 회로의 해석

전기공학을 공부하는 분이라면 「**단락은 두 노드의 전위차(전압)를 0[V]로 만들고, 개방은 선로에 흐르는 전류를 0[A]로 만든다!!**」는 사실을 반드시 기억합시다.

이런 현상이 우리 주위에서 발생하는 곳은 주로 전선입니다. 우리가 일반적으로 사용하는 검은색 전원케이블은 겉으로는 하나로 보이지만 내부를 보면 교류 전원에 연결되는 전원선 2가닥(단상 2선으로 검은색, 흰색 전선) 그리고 중성선 1가닥(초록색)으로 구성되어 있습니다. 이 중 **교류전압이 인가되는 검은색 선과 흰색 선 내부 도선(전원선)이 직접 연결되는 경우가 바로 단락(short)이고, 두 선이 합해진다하여 합선(合線)**이라고도 합니다. 아래의 사진에서도 알 수 있듯이 정상적인 경우 개별 전선들은 피복으로 완벽하게 절연되어 있습니다. 하지만 피복 부분이 열에 의해 녹거나, 물리적으로 찢기거나 벗겨지면서 전원선 두 가닥(검은색, 흰색 내부 도선)이 직접 연결되는 경우, 매우 큰 전류(단락전류)가 흐르면서 불꽃(스파크)이 발생하여 이로 인해 화재가 발생하는 것입니다.

그림 20-4. 전원선 내부의 전선 구조

만일 날카로운 물체에 의해 혹은 지속적인 압력에 의해 전원선이 잘리는 경우 전선이 끊어지면서 전류가 흐르지 않겠지요? 회로적으로는 개방(open)된 것으로 이를 **단선(斷線)**이라 합니다. 위의 사진과 같이 전원케이블의 경우 3가닥을 하나로 묶어서 만들기 때문에 단선에 이르기 전에 먼저 합선이 일어나는 경우가 많습니다.

**과부하(overload)**는 너무 많은 전기제품을 사용하여 전선에 정격

이상의 전류가 흐르는 경우로 **문어발식 콘센트 사용**이 쉬운 예입니다. **특히나 가장 경계해야 할 상황은 멀티탭에 또 다른 멀티탭을 연결해서 사용하는 경우**입니다. 앞서 제11화에서 전기제품의 소비전력에 대해 얘기하면서 전기제품은 제 역할을 온전히 수행하기 위해서(이는 곧, 정격전력을 소비하기 위해서) 그에 해당하는 전류를 끌어당긴다고 언급한 바 있습니다. 예를 들어 정격소비전력 100W의 전기제품을 멀티탭에 꽂아 사용하는 경우, 해당 제품은 약 0.5[A]의 전류를 필요로 합니다. 만일 하나의 멀티탭에 이런 전기제품 10개를 동시에 사용한다고 가정하면 해당 멀티탭의 전선에는 총 5A의 전류가 흐르게 됩니다. 만일 멀티탭 전선의 허용 한계전류가 5A 이하인 경우, 해당 전선은 한계치에 이르는 전류가 흐르는 상황입니다. 이로 인해 전선에는 열이 발생하게 되고, 이 상황이 오랫동안 지속되는 경우 피복을 녹여 결국 합선에 이르게 됩니다.

그림 20-5. 문어발식 콘센트 사용에 의한 과부하 발생

가장 좋은 해결책은 가정 내의 콘센트를 고르게 사용하는 것인데 불가피한 상황이라면 전기제품을 동시에 사용하는 것을 자제해야 하고, 허용전류가 큰 전선(즉, 굵은 전선)으로 된 멀티탭을 사용해야 합니다. 결과적으로 과부하는 선로에 과전류(over-current)를 흐르게 하고 나아가 합선의 원인이 되는 현상입니다.

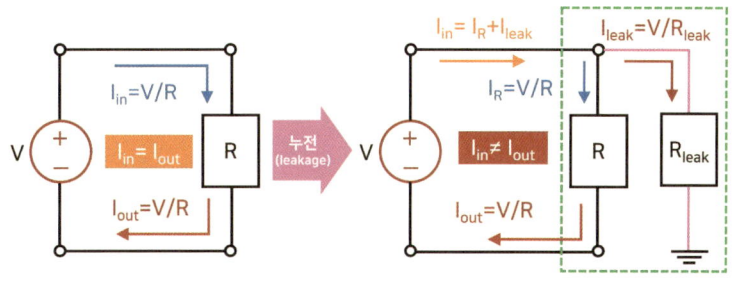

그림 20-6. 누전의 회로적 해석

**누전(漏電, electric leakage)**은 전류가 **정상적인 선로에서 벗어나 흐르는 경우**로, 안전하게 시공된 정상적인 배전선로에서 중간의 전선 피복이 손상되어 전기가 외부로 새어 나가는 현상을 의미합니다. 정상적인 배전선로라면 가정으로 흘러들어가는 전류(유입전류, $I_{in}$)와 가정으로부터 흘러나오는 전류(유출전류, $I_{out}$)는 항상 같습니다($I_{in}=I_{out}$). 이는 전압원의 입장에서 키르히호프의 전류법칙(KCL)을 사용하면 쉽게 이해할 수 있습니다. 여기에서 누전이 발생하게 되면 우측 회로와 같이 원래의 회로에서 분리된 별개의 우회 선로가 새로 만들어지면서 유입전류와 유출전류의 차이가 발생하게 됩니다($I_{in} \neq I_{out}$).

**감전(感電, electric shock)**이라 함은 사람을 통해 누전이 일어나는 전기사고를 의미합니다. 감전이 사람에 위험한 것은 인체의 모든 근조직을 움직이는 신호가 미세한 전기신호이기 때문에 인체에 흐르는 전류(통전)의 크기와 통전 시간, 통전 경로 등에 따라 생명에 치명적일 수 있습니다. 옴의 법칙에 의해 일정한 전압(220V)에서 인체 저항의 크기에 따라 통전전류의 크기가 결정되겠지요? 따라서 감전 시 몸에 물기가 있는 경우, 인체 저항이 작아져서 더 큰 통전전류가 흐르게 되므로 가정 내에서 가장 위험한 감전 상황이 바로 '물'이라는 사실을 잊지 말기 바랍니다.

표 20-2. 감전 전류의 인체 영향 (출처: 한국전력공사 홈페이지>지식센터>전기안전 자료)

| 전류의 크기<br>(60Hz 교류) | 통전전류의 종류 | 인체 영향 및 의미 |
| --- | --- | --- |
| 2 mA | 최소 감지 전류 | 인체에 전기의 흐름을 감지 |
| 7~8 mA<br>(성인남자의<br>경우) | 고통 한계 전류 | 전류의 흐름에 따른 고통을 참을 수 있는 한계 전류 |
| 10~15 mA | 마비 한계 전류<br>(교착 전류) | 근육 경전이 심해지고 신경이 마비되어 신체의 운동이 자유롭지 않게 되는 한계 전류 |
| 15~50 mA | 불수 전류 | 운동이 불가하여 스스로 전원으로부터 이탈할 수 없는 전류로 강한 근육경련, 신경마비 및 호흡 곤란을 동반 |
| 100 mA | 66.6 | 화상으로 인한 치명적 장애 및 심박 정지에 의한 사망 |

이렇게 위험한 전기를 우리가 지금까지 문제없이 안전하게 사용하고 있다니 실로 놀랍지 않으신가요? 우리의 생활에서 가장 가깝고 편리한 에너지인 만큼 전기안전에도 각별히 주의해주기 바랍니다.

일반인을 위한 생활 속 전기공학 지침서

# 슬기로운 전기생활

# 제 21 화
# 안전한 전기생활

(2) 두꺼비없는 두꺼비집?
　　우리 집 두꺼비집
　　열어보기

# 제 21 화
# 안전한 전기생활

## (2) 두꺼비없는 두꺼비집?
## 우리 집 두꺼비집 열어보기

    우리 집 현관문을 열고 들어오면 가장 먼저 무엇이 보이나요? 주로 각종 신발, 우산, 축구공, 각종 공구 등등. 하지만 현관 어딘가에 있다는 건 누구나 알고 있지만, 쉽게 들여다보지 못한 그것!! 바로 두꺼비집!! 지난 시간에 다룬 합선, 누전, 감전 등의 개념이 두꺼비집을 이해하는 데 큰 도움이 될 겁니다.

    우리가 보통 두꺼비집이라 부르는 설비의 정식 명칭은 **'세대분전함'** 이며, 주로 현관 내 벽면에 위치해 있습니다. 여러분의 집에서 한 번 찾아보기 바랍니다.

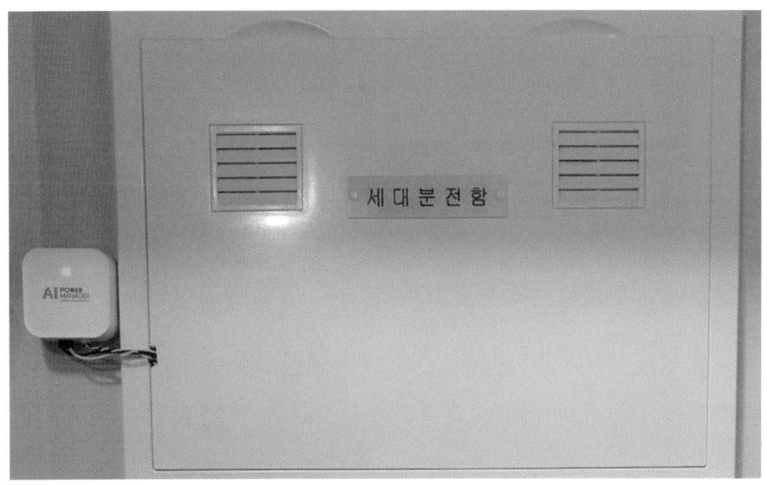

그림 21-1. 필자 집의 세대분전함 겉모습, 좌측에 초록빛이 깜박이는 장비는 에너지IoT 장치(전력량 측정장치)임

위의 사진은 필자 집의 세대분전함의 겉모습을 보여주고 있습니다. 이렇게 생겼는데 왜 두꺼비집이라고 부르는지 아직까지는 이해가 되지 않습니다. 자, 이제 분전함의 케이스를 조심스럽게 열어보겠습니다. 이 정도는 누구든지 할 수 있게끔 안전하게 절연되어 있으니 너무 걱정하지 않으셔도 됩니다. 그럼에도 불구하고 감전이 걱정된다면 절연장갑을 착용하시기 바랍니다.

분전함 케이스 안쪽을 보게 되면 다음과 같은 스위치들이 정렬된 모습을 볼 수 있습니다. 저 스위치들을 자세히 살펴보면 Ⓐ부분의 **배선용**

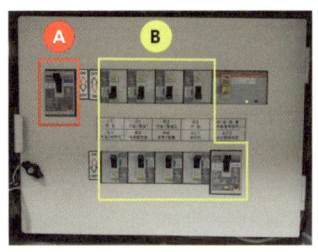 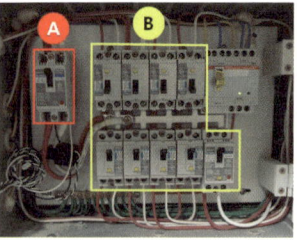

그림 21-2. 세대분전함 케이스 안쪽의 모습, (좌) 커버 제거 전, (우) 커버 제거 후

**차단기**와 Ⓑ부분의 **누전차단기**, 이렇게 두 종류로 구성되어 있습니다. 배선용 차단기는 1개이고 나머지는 누전차단기입니다. 우리 집을 기준으로 가장 바깥 쪽에 배선용 차단기가 설치되며, 그 하위(2차 측)에 여러 대의 누전차단기가 설치됩니다. 각 누전차단기 하위에는 조명과 주택 내 콘센트가 연결됩니다. 우리가 스위치로만 알고 있던 것의 정체는 바로 '**차단기**'입니다. 이름에서도 알 수 있듯이 차단기(circuit breaker)는 바로 **우리 집으로 들어오는 전류를 차단하는 장치**입니다.

그럼 전류를 차단하는 이유는 무엇일까요? 이는 '**공급의 핵심은 전압, 소비의 핵심은 전류**'라는 사실에 기인합니다. 전력을 공급하는 입장에서는 모든 지점에서의 전압을 일정하게 유지해야 하며, 전력을 소비하는 것은 그 일정한 전압(정격전압)에서 얼마나 많은 전류를 끌어들이느냐로 결정되기 때문입니다. 따라서 한전의 전력공급계통에서 우리 집(전력소비자)의 방향으로 **일반적이지 않은 전류가 흐르는 것을 방지**하기 위해서 차단기가 필요합니다.

그렇다면 '**일반적이지 않은 전류**'란 어떤 전류일까요? 당연히 **정상적인 회로에 흐르는 전류가 아닌 경우**가 되겠지요? **정상적인 회로에 흐르는 전류**를 알아보기 위해 아래의 그림 21-3과 같은 회로를 생각해 보겠습니다. 우리가 사용하는 배전전압대는 220Vrms이지만 편의상 200Vrms라고 가정하겠습니다.

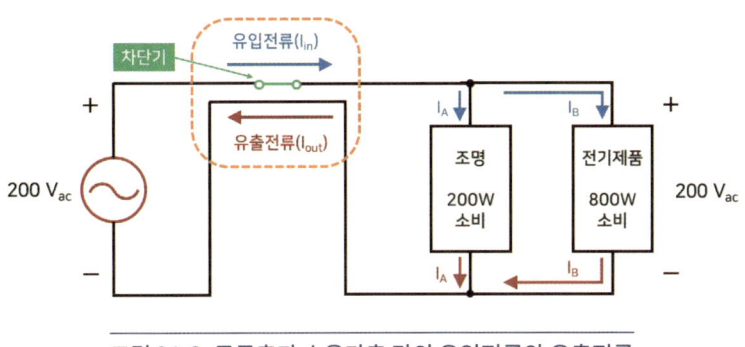

그림 21-3. 공급측과 수용가측 간의 유입전류와 유출전류

교류의 경우 전류의 흐름이 순간순간 바뀌는데 초반에 공부했던 내용 중 수동부호규약에 따라 '전력을 공급하는 쪽에서 소비하는 쪽으로 전류가 흐른다'라고 생각(교류에서 전류의 방향은 전력의 전달 방향으로 정해짐)하므로, 전류를 가정(소비자)으로 흘러 들어가는 유입전류($I_{in}$)와 가정(소비자)으로부터 흘러나가는 유출전류($I_{out}$)로 표현했습니다.

중간에 점선으로 표시된 부분은 보통 유입전류가 흐르는 선로와 유출전류가 흐르는 선로가 매우 가깝게 구성되어 있음(두 가닥의 전선)을 의미합니다. 두 선로(전선)가 개별적으로 피복되어 있으므로, 비록 두 선로가 서로 가깝게 위치하지만 전기적으로는 완벽하게 절연이 되어 있습니다. 위의 회로에서 조명부하는 200W의 전력을 소비하므로 P=VI의 관계에서 조명부하에 흐르는 전류($I_A$)는 1A가 되고, 전기제품은 800W의 전력을 소비하므로 전기제품에 흐르는 전류($I_B$)는 4A가 됩니다. 따라서 유입선로에 흐르는 전류($I_{in}$)와 유출선로에 흐르는 전류($I_{out}$)는 모두 5A가 되어 공급(전원)측에서 봤을 때 1,000(=200×5)W의 전력을 공급한 것으로 생각할 수 있습니다.

이와 같은 회로에서 위에서 언급한 **정상적인 회로에 흐르는 전류**라 함은 첫째, '**유입전류($I_{in}$)와 유출전류($I_{out}$)가 같음**', 둘째, '**5A라는 전류의 크기가 정상적인 부하에 흐르는 전류(정격전류 이하)로 판단됨**'을 의미합니다. 따라서 **일반적이지 않은, 혹은 정상적이지 않은 전류(이상 전류)**는 아래의 3가지로 생각할 수 있습니다.

① **누설전류**(leakage current)
  : 정상적인 폐회로를 벗어나 회로 밖으로 새어 나가는 전류로 유입전류와 유출전류의 차이가 발생하는 경우

② **과부하전류**(overload current)
  : 정격전류 이상의 전류가 일정하게 흐르는 경우

③ **단락전류**(short circuit current)

: 회로 내 단락 현상으로 인해 순간적으로 정격전류 이상 수 kA의 큰 전류가 흐르는 경우

(②, ③번 모두 **정격전류 이상의 전류**가 흐르므로 **과전류(over-current)**라 칭할 수 있음)

따라서 **차단기**라는 장치는 위와 같은 이상 전류를 감지, 전기적으로 안전한 상황이 아닌 것으로 판단하여 유입전류를 차단(스위치 OFF)함으로써 **단락전류, 과부하전류에 의한 화재와 누전에 의한 감전 등의 전기사고로부터 전기사용자를 보호하는 역할**을 하게 됩니다.

이런 중요한 역할을 하는 차단기가 예전부터 모든 이상 전류를 차단하는 기능을 가지고 있었던 것은 아닙니다. 기술이 발달하기 전에는 아래 사진과 같은 커버나이프 스위치가 주로 사용되었습니다.

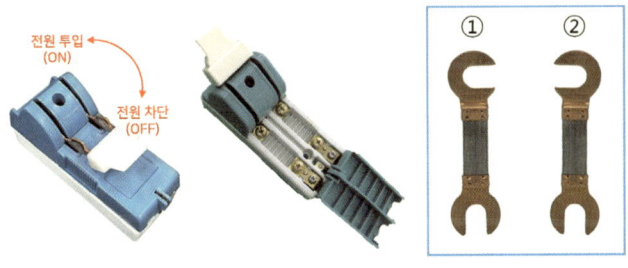

그림 21-4. (좌측) 커버나이프 스위치의 겉모습, (중간) 내부모습, (우측) 퓨즈의 체결 방향

두꺼비집이라는 명칭은 바로 **커버나이프 스위치**의 외형에서 유래되었다고 합니다. 커버나이프 스위치의 동작 원리는 매우 간단합니다. 커버나이프 스위치 내부의 퓨즈(저항)에 전류가 흐르면 열이 발생되고, 정격전류 이상의 전류(과부하전류)가 흘러 발생하는 열이 점점 증가하여 퓨즈의 녹는점을 초과하는 경우, 퓨즈가 녹아 전류를 차단하게 됩니다. 결국 커버나이프 스위치는 과부하전류를 차단하는 용도로 사용됩니다. 여기서 간단한 퀴즈 하나!! 사진 우측에 퓨즈의 삽입 방향 중 올바른 방향은 어느 것일까요? 정답은 ①번입니다.

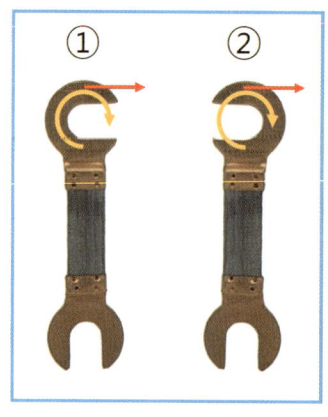

그림 21-5. 올바른 퓨즈의 체결 방향은?

퓨즈는 오른나사로 체결되기 때문에 나사가 시계방향으로 회전하면서 퓨즈의 윗 부분에는 오른 방향으로 미는 힘이 작용하게 됩니다. 따라서 ②번과 같이 삽입되는 경우에는 나사를 시계방향으로 조이는 동시에 퓨즈는 풀리게 됩니다.

요즘에는 커버나이프 스위치를 대신하여 **배선용 차단기**와 **누전차단기**가 사용되면서 전기를 더욱 안전하게 사용할 수 있게 되었습니다.

**배선용 차단기**는 MCCB(Molded Case Circuit Breaker, 비교적 용량이 큰 경우) 혹은 NFB(No Fuse Breaker, 비교적 용량이 작은 가정용의 경우)라고도 불리며, 회로 내에서 **합선에 의한 단락 전류와 과부하 전류 등 과전류**가 흐르는 경우 전원 공급을 차단하는 장치입니다. **누전차단기**는 ELB(Earth Leakage Breaker)라 불리며, **과전류 차단은 물론 감전과 누전에 의한 인체 보호와 화재 방지**의 목적으로 사용됩니다.

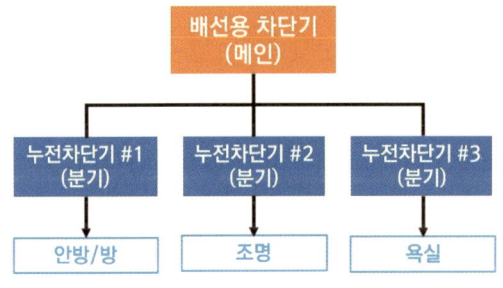

※ 한 곳에서 누전 발생 시, 해당 누전차단기의 분기회로만 차단

그림 21-6. 세대분전함 내 배선용 차단기와 누전차단기의 연결 구조

일반적인 주택에 사용되는 **배선용 차단기**는 정격전류에 따라 정격차단전류가 상이한데, (필자의 집에 사용되는 차단기 기준으로 사진 참조) **정격전류 50A, 정격차단전류 5kA**짜리가 사용됩니다. 이 의미를 살펴보면 만일 가정에서 11,000W(=11kW) 이상의 전력을 소비하여

50A(정격전류) 이상의 전류가 선로에 흐르는 경우 과부하에 의한 과전류로 판단하여 전원 공급을 차단하며, 또한 단락에 의해 순간적으로 과전류가 흐르는 경우에도 마찬가지로 전원 공급을 차단하는데 이 때 단락 가능한 전류의 최대치가 5kA라는 의미입니다.

**누전차단기**는 배선용 차단기 아래 2차 측에 설치하고, 실제 주택 내 콘센트 부하 혹은 조명, 에어컨 등에 연결됩니다. 주택용으로는 (필자의 집에 사용되는 차단기 기준으로 사진 참조) **정격전류 30A 혹은 20A, 정격차단전류 2.5kA**짜리가 사용됩니다. 누전차단기는 배선용 차단기와는 달리 누전을 감지하는 기능이 추가되어 있는데 이는 **정격감도전류**로 확인할 수 있습니다. 일반적으로는 정격감도전류 30mA짜리가 사용되는데, 이는 유입선로와 유출선로에 흐르는 전류의 차이가 30mA 이상이 되면 차단됨을 의미합니다. 물을 많이 사용하여 인체 감전의 위험이 높은 **욕실과 다용도실에는 더 민감하게 동작하도록 정격감도전류 15mA짜리를 사용**해야 합니다.

※ 실제 배선용 차단기와 누전차단기의 용량 및 주요 성능은 매우 다양하며, 주택에서 많이 사용되는 설비(필자의 집에 설치된 설비)를 기준으로 설명하였습니다.

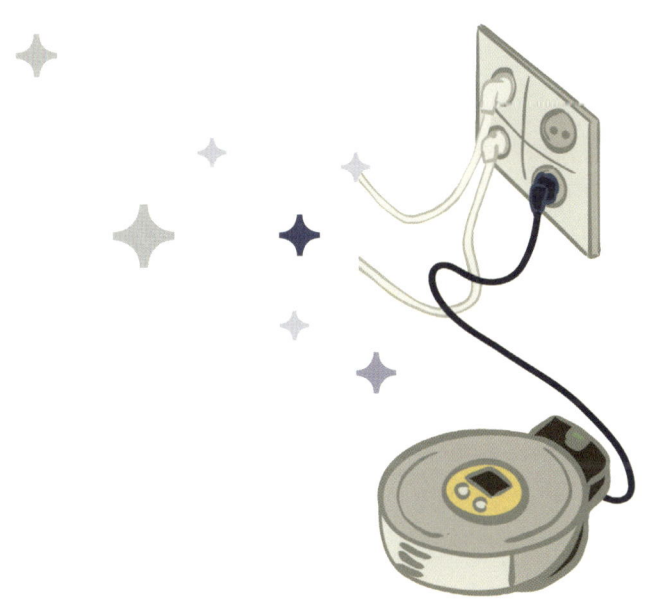

일반인을 위한 생활 속 전기공학 지침서
# 슬기로운 전기생활

## 제 22 화
## 우리 집에서 사용하는 전기는 어디서 오는 걸까?

# 제 22 화
# 우리 집에서 사용하는 전기는 어디서 오는 걸까?

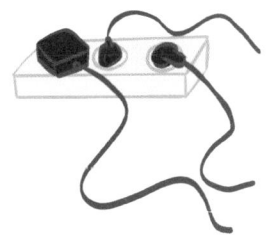

우리가 일상에서 사용하는 여러 공산품들은 'made in Korea' 혹은 'made in OOO' 등 그 원산지를 정확히 알 수 있습니다. 그럼 우리가 사용하는 전기도 그 원산지(즉, 어디서 만들어졌는지? 예를 들어, 태안 화력발전소에서 발전된 전기인지?)를 알 수 있을까요? 이 질문에 대한 대답은 "아니오."

이를 이해하기 위해서는 전기가 만들어져서(발전) 보내지고(송전) 분배되는(배전) 과정, 그리고 전기의 성질을 전반적으로 이해해야 합니다. 물론 우리가 1화부터 지금까지 다뤘던 내용을 다시금 되짚어보면 절대 이해 못 할 수준은 아닙니다.

전기라는 대표적인 2차 에너지는 그 편리성으로 인해 수요가 지속적으로 증가하고 있습니다. 이 상황은 비단 지금뿐만 아니라, 전기가 맨 처음 보급되었을 때도 마찬가지였겠지요? 전기가 사람들에게 알려지게 된 계기는 1800년 알레산드로 볼타(Alessandro Volta)에 의해 전기를 화학적으로 만들 수 있음(볼타전지로 알려진 최초의 화학전지)이 밝혀지면서부터입니다. 이후 전자기 유도를 이용한 전기모터가 발명되면서 사람이나 동물에 의해서가 아닌 전기에 의해 회전운동력을 쉽게 얻을 수 있게 되었고, 필라멘트 백열전구가 발명되면서 누구든 원하는 시간에 아주 쉬운 방법으로 어둠을 밝힐 수 있게 되었습니다. 우리 대부분은 토머스 에디슨(Thomas Edison)이 최초의 백열전구를 발명한 것으로 알고 있으나, 실제로 그는 백열전구의 상용화에 가장 먼저 성공한 것이지 가장 먼저 발명한 것은 아닙니다. 우리나라에서는 1887년에 이르러 경복궁 가로등에 처음으로 전기가 도입되었다고 합니다.

자 그럼 초창기 전구를 과연 전지(DC, 직류)로 켰을까요? 아니면 발전기(AC, 교류)로 켰을까요? 그 당시 전구는 필라멘트 백열전구이므로 단순 저항(R)으로 간주할 수 있고, 전등 몇 개를 켜는 것은 전지(DC)로도 충분히 가능합니다. 하지만 이토록 편리한 전등을 원하는 사람이 어디 한 두 명이었을까요? 더 많은 사람들이 전등을 사용하려면 그만큼 전기를 더 멀리 전송해야 하므로 그만큼 선로(전선)의 길이가 길어져야 합니다. 이로 인해 2가지 문제가 발생합니다. 첫째, **회로의 길이가 길어지면서 선로 내 저항에서의 전압강하(voltage drop)가 증가**하게 되어 전원으로부터 멀어질수록 부하에 인가되는 전압의 크기(V)는 전압강하만큼 작아집니다. 둘째, **전등이 병렬로 연결되므로 각 전등에 흐르는 전류(분기전류)가 줄어듭니다.**

간단한 DC회로를 통해서 이를 확인해보겠습니다. 전지의 전압과 선로의 저항, 전구의 저항은 계산의 편이상 임의로 정했습니다. 먼저 선로 저항을 1[Ω]이라 가정하고, 100[V] DC전압원(전지)으로 저항 100[Ω]인 전구 하나(A)에 전원을 공급하는 경우입니다. 선로 저항 1[Ω]과 전구 저항 100[Ω]이 직렬로 연결되어 합성저항은 101[Ω]이고, 여기에 100[V]가 인가되므로 회로에는 100/(100+1)=0.9901[A]의 전류가 흐르게 됩니다. 따라서 **전구에서 98.0296[W], 전선에서 0.9803[W]의 전력을 소비하고 전원에서 99.0099[W]의 전력을 공급**하게 됩니다.

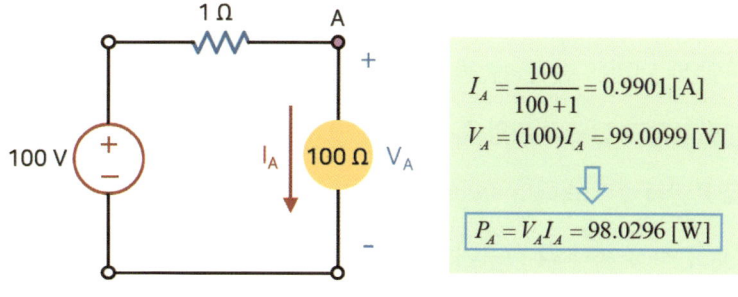

그림 22-1. 전구 한 개를 점등하기 위한 전기회로의 해석

자 이제 같은 길이의 전선(1Ω)을 사용해서 전구(100Ω) 한 개(B)를 더 켜보겠습니다.

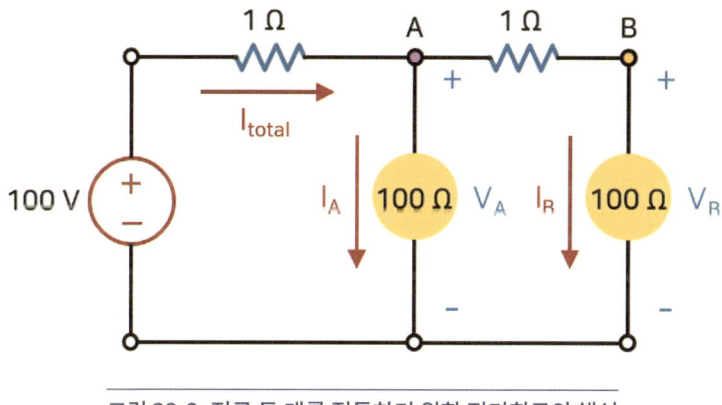

그림 22-2. 전구 두 개를 점등하기 위한 전기회로의 해석

이 회로는 Node Voltage Method(노드 전압 해석법), Mesh Current Method(루프 전류 해석법), Super-position principle(중첩의 원리), Thevenin Equivalent Circuit(테브닌 등가회로), Norton Equivalent Circuit(노튼 등가회로) 등 여러 방법으로 해석할 수 있습

니다만 여기에서는 합성저항을 이용해서 풀어보겠습니다. 합성저항을 구할 때 저항의 병렬연결을 '//'로, 저항의 직렬연결을 '+'로 표현하면, 선로저항과 전구의 저항을 모두 합한 전체 저항은 1+100//(1+100)으로 표현할 수 있습니다. 이 식을 풀어 $R_{total}$과 $I_{total}$을 순차적으로 구하고 전류분배를 통해 각 전구에 흐르는 전류 $I_A$와 $I_B$를 구한 후 각 전구에서 소비되는 전력을 계산하면 아래와 같습니다.

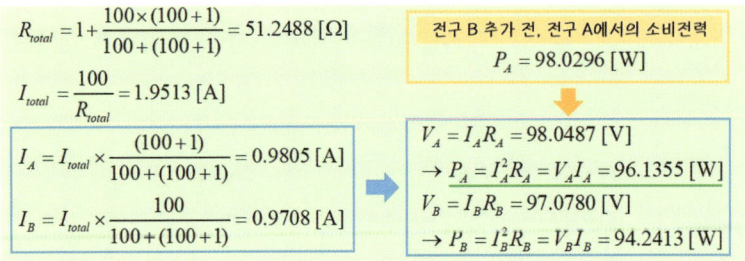

**전구 A, B에서 소비되는 전력**은 각각 **96.1355[W]와 94.2413[W]**로 계산됩니다. 여기에서 주목해야 할 것은 전구 A만 있는 경우, 전구 A에서 소비되는 전력은 98.0296[W]였다는 사실입니다. 필라멘트 백열전구에서 소비되는 전력은 곧 빛의 밝기를 의미하니까 전구의 밝기가 약간 어두워졌다는 사실을 알 수 있습니다. 게다가 **전지가 전구 2개를 켜기 위해 공급해야 하는 전력은 195.1267[W]로 거의 2배 증가**합니다.

여기서 잠깐! 머리도 식힐 겸, 아래 회로와 같이 동일한 패턴으로 선로와 전구(저항)이 병렬로 무한히 연결하는 경우, 전체 회로의 합성저항

($R_{total}$)은 어떻게 계산될까요? 대학에서 전기회로 전공교과를 공부하다보면 아래 회로에서 합성저항 혹은 합성임피던스를 구하는 문제를 종종 만나게 됩니다.

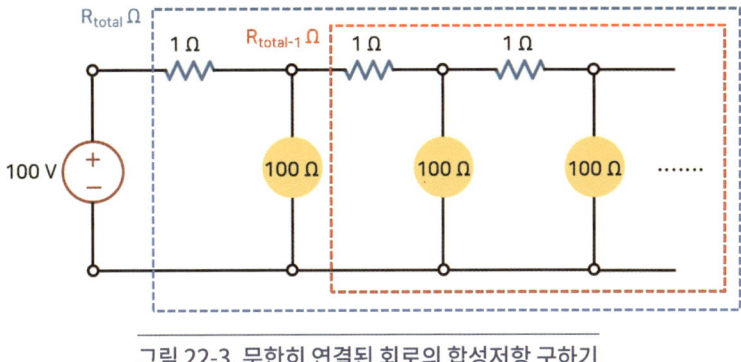

그림 22-3. 무한히 연결된 회로의 합성저항 구하기

파란색 점선으로 표시된 부분의 전체 저항을 '$R_{total}$'이라 하면, 빨간색 점선으로 표시된 부분의 전체 저항은 동일한 부분이 하나 적으므로 '$R_{total-1}$'이라 할 수 있습니다. 이 부분을 저항의 직렬(+)과 병렬(//) 연결로 표현하면 $R_{total}=1+(100//R_{total-1})$과 같습니다. 여기에서 저항 연결이 무한히 반복된다고 했으므로 '$R_{total} \approx R_{total-1}$'로 생각할 수 있고, 결과적으로 아래의 식에서 $R_{total}$를 계산하면 됩니다.

$$R_{total} = 1 + (100 // R_{total}) = 1 + \frac{100 R_{total}}{100 + R_{total}}$$

$$\rightarrow R_{total}^2 - R_{total} - 100 = 0$$

$$\therefore R_{total} = \frac{1 \pm \sqrt{1^2 + 400}}{2} \approx 10.5125 \, [\Omega]$$

이런 분석을 통해 병렬로 연결되는 전구가 늘어남에 따라 계통 상황이 어떻게 변하는지를 파악할 수 있습니다. 첫째, **'각 전구에서 소비되는 전력이 줄어들어 전구의 밝기가 어두워진다.'** 즉, 전구가 늘어날수록 전구가 연결된 모선의 전압이 떨어지고(전압강하 발생), 전구에 흐르는 전류가 줄어들게 됩니다. 둘째, **'전력을 공급하는 전지(정전압원)의 용량이 늘어나야 한다.'** 즉, 소비하는 전력의 총량만큼을 공급하지 못하는 경우 각 전구는 원래의 성능(밝기)을 유지할 수 없습니다.

결국 위의 경우와 같이 부하(전력소비)가 늘어남에 따라(즉, 병렬로 연결되는 저항이 늘어남에 따라) 그에 상응하는 발전원(전력공급)이 추가되어야 하며 그렇게 구성되는 전기회로는 점점 커지면서 복잡해지게 됩니다. 이와 같은 문제를 해결하기 위해서 등장한 것이 바로 **교류(AC) 기반의 대규모 발전과 송전계통**입니다. 교류(AC)시스템은 변압기를 통해 승압(전압을 높이는 과정)과 강압(전압을 낮추는 과정)이 용이하므로 높은 전압대에서 송전이 가능하고, 발전원의 공급력을 늘리기 위해 대규모 화력발전을 이용할 수 있기 때문에 산업화 이후 현재까지도 널리 사용되고 있습니다.

아래의 그림은 **1960년대 이후 우리나라 송전계통의 구성**을 보여주고 있습니다. 산업이 발달함에 따라 부하지역이 늘어나고, 그 지역으로 전력을 공급하기 위해 대규모 발전단지가 주로 해안가에 위치하게 됩니다. 이는 발전 시에 발생하는 열을 식히기 위해 다량의 냉각수가 필요한데 바닷물을 냉각수로 사용하기 용이하기 때문이며, 도심 인근보다 땅값이 저렴한 외곽 지역에 위치하는 것이 경제적으로 유리하기 때문입니다. 따라서 지리적으로 멀리 떨어져 있는 발전소로부터 수요측으로 전력을 보내기 위해 송전계통이 만들어지게 됩니다.

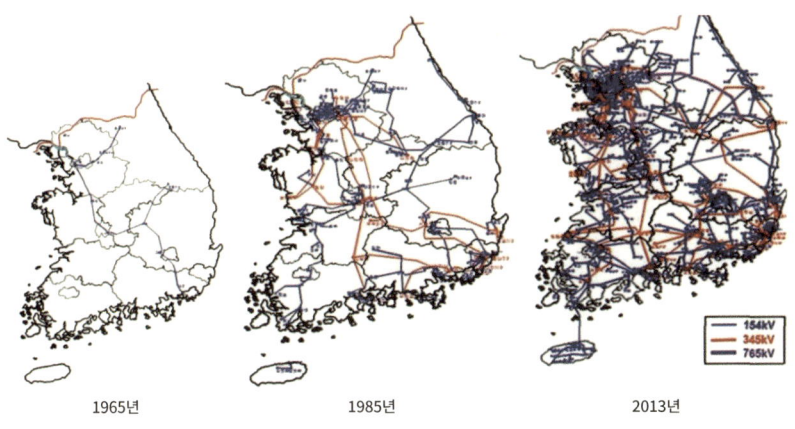

그림 22-4. 우리나라 송전계통의 변화
(출처: 국내 전력계통 현황과 전망(이성규), 선기의 세계, 2014년 10월호)

표 22-1. 우리나라 전력계통의 변화 양상(1960~2020년) (출처: 한국전력공사 전력통계)

|  | 1960년 | 1980년 | 2000년 | 2020년 |
|---|---|---|---|---|
| 발전 설비용량 (kW) | 367,254 | 9,390,830 | 53,679,063 | 133,391,583 |
| 총 발전량 (MWh) | 1,772,921 | 37,238,633 | 290,869,339 | 575,269,209 |
| 평균 수요전력 (kW) | 202,388 | 4,239,371 | 30,327,813 | 62,859,991 |
| 최대 수요전력 (kW) | 305,686 | 5,457,200 | 41,007,164 | 89,091,000 |
| 송전선로 길이 (Ckm) | 5,237 | 12,685 | 26,582 | 34,665 |

2000년부터 2020년까지 20년 동안만 보아도, 발전설비용량은 2.5배, 총발전량 및 전력수요는 2배 정도 증가하였고 이를 전달하기 위한 송전선로의 길이도 1.3배 증가한 것을 통계적으로 확인할 수 있습니다.

표 22-2. 우리나라 지역별 전력 수요 및 공급 현황 (출처: 한국전력공사 전력통계)

| 2019년 기준 | 서울/ 경기권 | 강원권 | 충청권 | 전라권 | 경상권 | 제주권 |
|---|---|---|---|---|---|---|
| 전력판매량 (MWh, %) | 194,470,203 (37.4) | 16,368,274 (3.1) | 92,019,034 (17.7) | 63,269,377 (12.2) | 148,993,777 (28.6) | 53,742,284 (1.0) |
| 발전 설비용량 (MW, %) | 35,041 (27.1) | 8,367 (6.5) | 27,342 (21.2) | 18,877 (14.6) | 37,923 (29.4) | 1,645 (1.3) |

지역별로 발전설비용량(공급)과 전력판매량(소비)을 살펴보면, 서울/경기권의 경우 전체 27.1%의 발전설비를 보유한 반면 전체 전력판매량의 37.4%를 소비하고 있습니다. 이에 반해 충청권의 경우 전체 21.2%의 발전설비를 보유한 반면 전체 전력판매량의 17.7%를 소비하고 있습니다. 위에서 살펴본 송전계통의 구성과 지역별 전력공급과 소비의 비율을 통해서 우리나라 전력계통만의 특징을 아래와 같이 정리해 볼 수 있습니다.

첫째, 우리나라는 지리적으로 아시아 대륙에 붙어있는 반도이지만, 우리나라의 전력계통은 **대륙으로부터 분리된 독립형 전력계통**을 이루고 있습니다. 이로 인해 국가, 대륙 간의 계통 연계가 이뤄져 있는 다른 나라와는 매우 다른 성격을 지니게 됩니다. 남는 전력(공급>수요)을 인접 국가에 판매하거나 부족한 전력(수요>공급)을 인접 국가로부터 구입할 수 있는 상황이 아니기 때문에 전력의 수요와 공급 간의 실시간 균형을 우리나라 안에서만 맞춰야 하는 한계를 지닙니다.

둘째, 우리나라의 대규모 발전설비는 주로 바닷가에 위치하고, 주요 수용가는 서울/경기권과 영남권에 집중적으로 위치합니다. 즉, **전력의 발생과 수요가 각각 특정 지역에 집중(대규모화)되어 있으며, 지리적으로 서로 분리**되어 있는 특징을 지닙니다.

셋째, 위의 특징으로 인해 **전류의 흐름(전력조류의 방향)**이 대형 발전단지가 집중된 바닷가에서 대규모 수용가가 밀집된 내륙으로 향하고, 그 중에서도 **서울/경기권을 향해 집중하는 경향**을 보입니다. 이를 일컬어 **북상조류**라 부릅니다. 따라서 내륙을 향하는 일부 송전선로에 대한 의존도가 높아, 해당 선로의 사고에 매우 취약한 구조를 지니게 됩니다.

자, 이제 우리 집에서 사용하는 전기가 어디에서 오는지 대답할 수 있겠지요? 송전선에 의해 발전소에서 만들어진 전기를 우리 집에서 사용하는 것은 다음과 같이 생각할 수도 있습니다. 물의 색이 서로 다른 여러 개의 우물에서 물을 퍼서 큰 물통에 담은 후 수로를 통해 우리 동네까지 흐르게 합니다. 우리 집뿐만 아니라 모든 동네 사람들이 사용하는 물은 모두 검은색 물이겠지요? 어느 우물에서 온 물인지 알 수 없는 것과 같은 논리입니다. 다만 한 가지 차이가 있다면 전기는 생산과 소비가 실시간으로 동시에 이뤄진다는 사실입니다.

일반인을 위한 생활 속 전기공학 지침서
# 슬기로운 전기생활

제 23 화

# 실시간 전력수급 현황 확인하기

# 제 23 화
# 실시간 전력수급 현황 확인하기

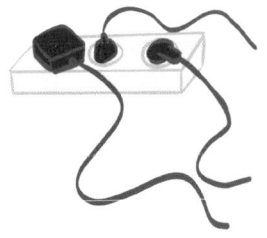

　전력수요(power demand)가 급증하는 여름철만 되면 우리는 '여름철 폭염으로 인한 전력수급 비상', '블랙아웃 가능성 커져', '전력 예비력 급격히 하락' 등 뭔가 위험해 보이는 뉴스를 자주 접하게 됩니다. 전력수급이란 전력의 수요(소비)와 공급 간의 균형을 의미하므로, 아마도 수요와 공급의 불균형으로 인한 문제임을 짐작할 수 있겠지요?

　2011년 9월 15일 우리나라 전역에 걸친 순환 정전이 일어난 이후, 전력수급에 대한 전 국민적인 관심이 증가하였고, 전력거래소 홈페이지(www.kpx.or.kr)를 통해 실시간 전력수급 현황 정보를 언제든지 확인할 수 있습니다.

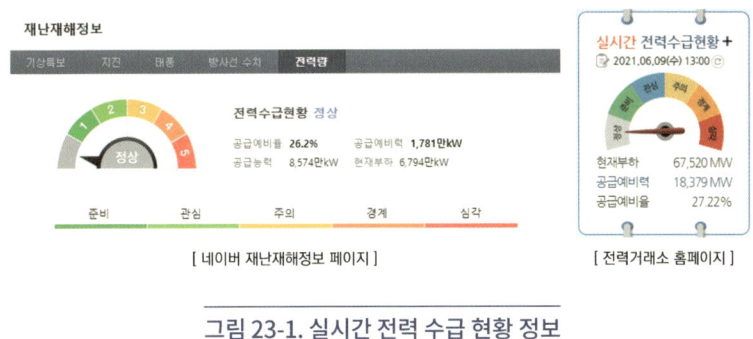

[ 네이버 재난재해정보 페이지 ]    [ 전력거래소 홈페이지 ]

그림 23-1. 실시간 전력 수급 현황 정보

위의 그림은 네이버 재난재해정보 페이지(좌)와 전력거래소(KPX) 메인 홈페이지(우)에 공지되는 실시간 전력수급 현황 정보(2021년 6월 9일 오후 1시 기준)를 보여주고 있습니다. 그 내용을 좀 자세히 들여다보면 **현재부하(kW), 공급예비력(kW), 공급예비율(%)**이라는 표현이 보입니다. 그리고 **정상, 준비, 관심, 주의, 경계, 심각 단계** 중 현재 어느 단계에 해당하는지를 보여주며, 우측 전력거래소의 실시간 전력수급 현황 메뉴에서 '+'부분을 클릭하면 자세한 **실시간 전력수급 그래프**를 확인할 수 있습니다.

전력수급 현황 단계의 구분과 그 기준(2021년 전력시장 운영규칙 제5.1.4조)은 아래의 표와 같습니다.

표 23-1. 전력수급 현황 단계의 구분

| 경보 수준 | 준비<br>(경보수준 아님) | 관심<br>(Blue) | 주의<br>(Yellow) | 경계<br>(Orange) | 심각<br>(Red) |
|---|---|---|---|---|---|
| 예비력 기준<br>[MW] | 4,500 이상<br>5,500 미만 | 3,500 이상<br>4,500 미만 | 2,500 이상<br>3,500 미만 | 1,500 이상<br>2,500 미만 | 1,500 미만 |
| 예비력 구분 | 공급예비력 | 운영예비력 | | | |

우리가 전력 공급계통을 바라볼 때 중요하게 생각해야 하는 요소는 크게 2가지입니다. 하나는 **전압(V)**이고, 다른 하나는 **주파수(Hz)**입니다. 전압은 국지적인 문제로 공급 모선별, 지역별로 조금씩 다른 값을 가지게 됩니다. 그에 반해 주파수는 전국적인 문제로 계통 전체에 걸쳐 동일합니다. 또한, **전압(V)은 무효전력(Q)과, 주파수(f)는 유효전력(P)과 밀접한 관련성**을 지닙니다.

이 시간에 다루는 **전력 수급은 바로 유효전력(P, kW단위)에 관한 것**으로 유효전력의 소비와 공급 간의 불균형이 발생하게 되면 **계통 주파수(Hz)가 변화**하게 됩니다. 이해하기 쉽게 조립식 자동차에 들어가는 모터를 생각해 보겠습니다. 모터에 건전지를 연결하면 모터 내부의 권선에 전류가 흐르면서 모터의 축(샤프트)이 일정한 속도로 회전하게 됩니다. 자 이때 회전하는 축을 손가락으로 살짝 잡으면 축의 회전속도는 줄어들게 되겠지요? 여기에서 회전축을 손가락으로 잡는 행동이 바로 전력수요가 증가하는 현상입니다. 그러다가 손가락을 떼면(전력수요가 줄어들면) 다시 회전속도(주파수)는 증가하게 됩니다. 전력계통 측면에서 소비(수요)가 증가하여 공급을 초과(소비>공급)하는 경우 계통주파수는 60Hz 아래로 떨어지게 되고, 반대로 수요가 감소하여 공급이 소비를 초과(소비<공급)하는 경우 계통주파수는 60Hz를 초과하게 됩니다.

결과적으로 **우리나라의 계통주파수를 60Hz로 일정 수준으로 유지한다**는 것은 **실시간으로 전력의 수요와 공급을 맞춰야 한다**는 의미입니다. 그러면 실제 계통에서는 어떤 방식으로 전력의 수요와 공급을 실시간으로 맞출까요?

전체 전력수요는 우리가 전기를 사용하는 방식대로 소비자의 자유의지에 따라 전력을 사용하기 때문에 지금 이 순간에도 조금씩 변합니다. 그러면 전력을 공급하는 입장(발전소)에서는 이 수요에 맞춰서 발전량(kW)을 실시간으로 조절합니다. 그렇다면 수요가 증가하는 것을 대비해서 발전기는 공급할 준비를 하고 있어야겠지요? 현 시점에서 추가로 공급 가능한 전력이 얼마인지를 의미하는 단어가 바로 **예비력(reserve)**입니다. 전력시장 운영규칙에 따르면 예비력은 '**전력수급의 균형을 유지하기 위하여 전력수요를 초과하여 보유하는 중앙급전발전기의 발전력 및 전기저장장치의 용량**'으로 정의됩니다. 예비력은 다시 공급예비력과 운영예비력으로 구분됩니다.

매년 전력수요가 증가하는 경우, 이에 대응하기 위해 발전소를 추가로 건설함으로써 설비용량을 확보하게 됩니다. 2006년 이후 2019년까지 우리나라의 최대 전력수요와 발전설비 용량의 증가 추이를 살펴보면 아래의 그래프와 같습니다.

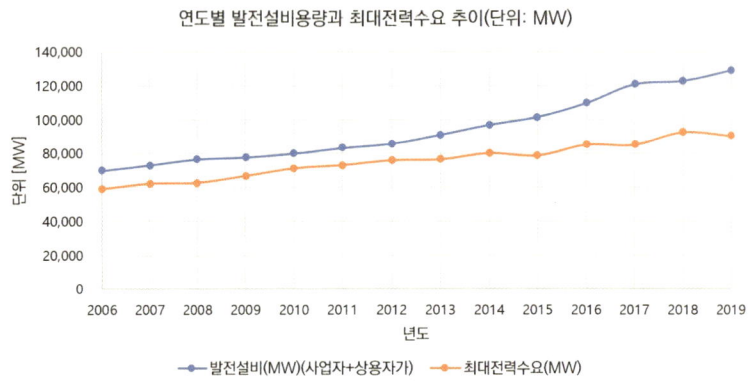

그림 23-2. 우리나라 발전설비 용량 및 최대 전력수요의 변화 추이(2006년~2019년)

위의 그림 23-2에서 최대 전력수요(주황색 실선)를 만족시키기 위해 그보다 많은 발전설비 용량(파란색 실선)을 보유하고 있음을 확인할 수 있습니다. 여기에서 **발전설비 용량(총량)과 최대 전력수요의 차이**(파란색 실선과 주황색 실선의 차이)를 **설비예비력**이라 합니다. 발전설비를 증설할 때는 다양한 수력, 기력, 복합화력, 원자력, 신재생 등 다양한 설비와 이와 관련된 여러 대외적 환경요인(환경오염, 탄소배출, 원료수급 등)들을 고려하여 그 비율을 조절하게 됩니다. 2014년 대비 2019년 발전설비 구성의 변화를 보면 우리나라의 에너지 정책의 변화를 쉽게 확인할 수 있습니다. 참고로 원자력발전소 1기의 용량이 대략 1,000MW(1GW)임을 감안하면 각 발전원별 용량을 쉽게 비교할 수 있습니다.

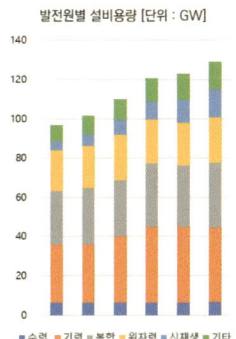

| 년도 | 2014 | 2015 | 2016 | 2017 | 2018 | 2019 | 2014년 대비 2019년 증가 |
|---|---|---|---|---|---|---|---|
| 수력 | 6,467 | 6,471 | 6,485 | 6,489 | 6,490 | 6,508 | 41 (0.63%) |
| 기력 | 29,611 | 29,611 | 33,746 | 38,265 | 38,358 | 38,101 | 8,490 (28.67%) |
| 복합 | 27,296 | 28,512 | 28,512 | 32,416 | 31,224 | 32,846 | 5,550 (20.33%) |
| 원자력 | 20,716 | 21,716 | 23,116 | 22,529 | 21,850 | 23,250 | 2,534 (12.23%) |
| 신재생 | 4,474 | 5,649 | 7,477 | 9,187 | 11,623 | 14,250 | 9,776 (218.51%) |
| 기타 | 8,362 | 9,631 | 10,453 | 11,962 | 13,551 | 14,138 | 5,776 (69.07%) |
| 총 설비용량 | 96,926 | 101,590 | 109,789 | 120,848 | 123,096 | 129,093 | 32,167 (33.19%) |

* 기타 설비 : 내연력, 집단에너지, 부생가스, 폐열 및 상용자가 발전을 포함함

그림 23-3. 우리나라 발전설비 용량 및 발전원의 구성 변화(2014년~2019년)

하지만 모든 발전설비가 언제든지 발전이 가능한 상태는 아닙니다. 모든 기계적인 설비들이 그러하듯 발전기 역시 주기적인 점검과 부품의 교체가 필요합니다. 전체 발전설비 중에서 점검이나 수리로 인해 발전기 가동이 불가능한 설비를 제외하고 가동 가능한 발전설비들의 총량을 **공급용량**이라 하며, **공급용량과 현재의 전력수요의 차이를 공급예비력**이라 합니다. 따라서 **공급예비율(%)**은 현재 전력수요 대비 공급예비력의 비율을 의미합니다. 효율적인 계통이라면 공급예비력을 너무 과하지 않게 유지하는 것이 유리합니다. 하지만 신재생에너지의 비율이 많아질수록 수요예측의 불확정성이 증가하여 **공급예비력을 적정수준으로 유지**하는 것이 매우 어려워지게 됩니다.

이는 신재생에너지 출력의 간헐성에 의해 발생하는 문제입니다. 우리도 잘 알다시피 태양광과 풍력은 기상 상황의 영향을 직접적으로 받기 때문에 그 발전량이 계속 바뀌고, 신재생 에너지원의 발전량을 예측하여 가동 가능한 발전설비를 준비해야 합니다. 풍력발전의 경우 매 시간 풍향과 풍속이 바뀌는 반면, 태양광발전은 시간대별로 서서히 변하는 특징이 있습니다. 하지만 1일 단위로 본다면 어제와 오늘의 풍향과 풍속은 크게 바뀌지 않는 반면, 태양광의 경우 날씨의 영향에 따라 맑은 날과 비오는 날, 흐린 날의 발전량이 크게 바뀌게 됩니다.

그림 23-4의 그래프는 위에서 잠깐 설명했던 전력거래소 전력수급 현황에서 '+'를 클릭하여 확인하는 **실시간 전력수급 그래프**입니다. 실시간 전력수급 그래프에는 2개의 라인이 보입니다. 초록색 그래프는 전날(평일)의 5분 단위 전력수급 그래프이고, 빨간색 그래프는 당일의 5분 단위 전력수급 그래프입니다. 좌측은 2020년 3월 12일 오후 6시경, 우측은 2021년 3월 12일 오후 8시경의 그래프입니다. 좌측의 그래프에서 12일 수요곡선(빨간색)과 11일 수요곡선(초록색)을 비교해보면 두 곡선이 거의 일치함을 볼 수 있습니다. 이는 2020년 3월 11일과 12일의 날씨가 매우 맑아 태양광이 최대한으로 발전하고 있음을 보여줍니다. 해당 곡선에 태양광발전 그래프를 합하게 되면 순수요 곡선을 얻을 수 있습니다. 이에 반해 우측의 그래프는 12일 곡선(빨간색)과 11일 곡선(초록색)이 꽤 큰 차이가 납니다. 실제로 2021년 3월 11일은 전국적으

로 매우 맑은 날이었고, 12일은 전국적으로 많은 비가 내리는 날이었습니다. 결과적으로 하루 만에 수요곡선이 태양광 발전량만큼 차이가 나게 되고 이 차이만큼을 하루 만에 발전기로 공급을 해야 하는 상황이 발생하게 됩니다. 따라서 공급예비력을 충분히 크게 유지하고 있어야 합니다. 2021년 3월 12일 기준으로 거의 10,000MW, 즉, 원전 10기 분량의 발전기가 단 하루 만에 가동해야 하는 상황입니다.

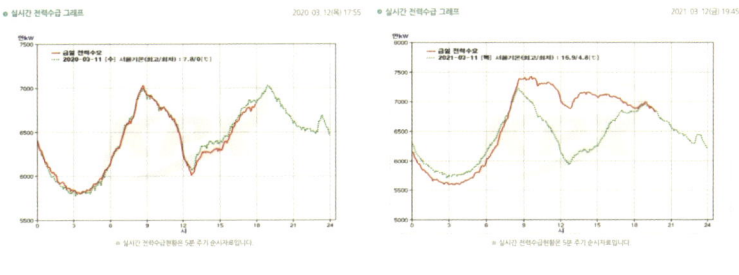

그림 23-4. 2020년 3월 12일(좌)과 2021년 3월 12일(우)의 실시간 전력수급 그래프 비교

2021년 3월 11일과 12일의 차이가 태양광 발전에 의한 것임을 확인하기 위해 2021년 3월 11일 전력수요 그래프에 맑은 날의 태양광발전(설비용량 10,500MW 가정)을 추가해보겠습니다. 이렇게 하면 태양광 발전을 제외한 순수 전력수요를 알 수 있습니다.

그림 23-5를 보면 2021년 3월 11일 수요곡선에 태양광 발전량(맑음 기준)을 더한 결과(빨간색)가 그림 23-4 우측 그림의 실제 2021년 3월 12일의 그래프와 매우 유사함을 확인할 수 있습니다. 따라서 신재생

에너지원이 늘어남에 따라 **신재생 발전량을 얼마나 정확히 예측하느냐**가 앞으로 우리 전력계통을 얼마나 효율적으로 운영할 수 있는지, 전력수급 문제를 어떻게 해결할지를 판가름하는 중요한 요소가 될 것입니다. 또한 전통적인 전력공학이라는 학문이 신호처리, 인공지능, 머신러닝, IoT 등 다양한 관련 학문 분야와 결합함으로써 진일보할 수 있는 계기가 마련되었다고 볼 수 있습니다.

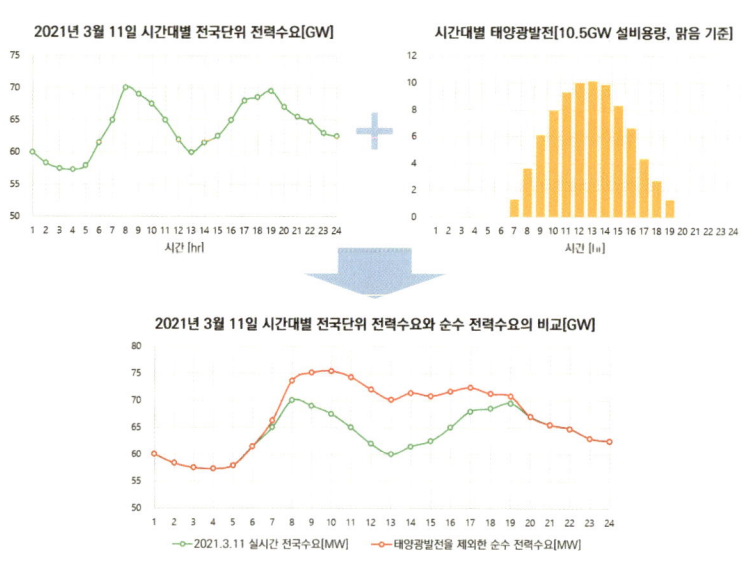

그림 23-5. 2021년 3월 11일과 12일의 실시간 전력수급 그래프 비교(태양광 발전의 영향)

일반인을 위한 생활 속 전기공학 지침서
# 슬기로운 전기생활

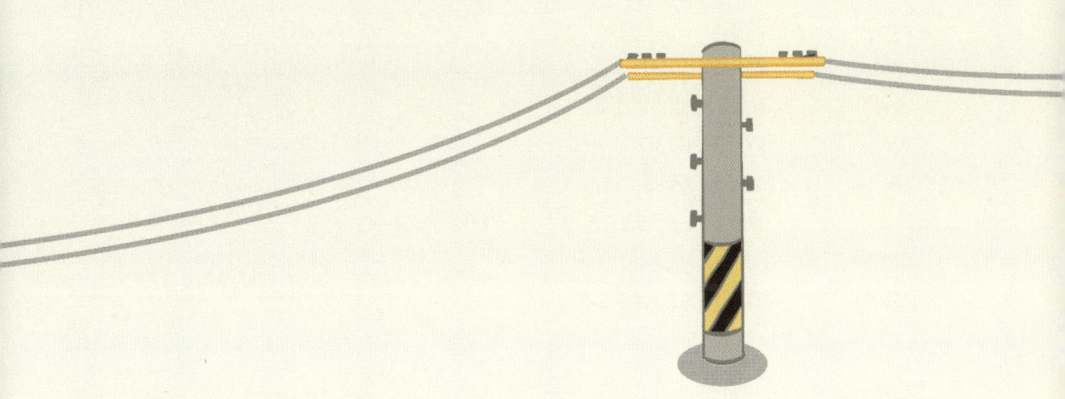

일반인을 위한
생활 속 전기공학 지침서

# 슬기로운 전기생활

| | |
|---|---|
| 초판 인쇄 | 2021년 11월 1일 |
| 초판 발행 | 2021년 10월 22일 |
| | |
| 지은이 | 조수환 |
| 기획 | 맨투맨사이언스 |
| 편집 | 조수환 |
| 표지 디자인 | 김준곤 |
| 내지 디자인 | 첫번째별디자인 |
| 본문조판 | 이준민 |
| | |
| 펴낸이 | 장명호 |
| 펴낸곳 | 맨투맨사이언스 |
| 등록번호 | 제 2020-000091호 |
| 전화 | 02-594-0236 |
| 팩스 | 02-599-6685 |
| 주소 | 서울 서초구 서초중앙로 24길 5 맨투맨빌딩 5층 |
| 이메일 | mtmsc@naver.com |
| ISBN | 979-11-970549-3-8 |

Copyright ⓒ 조수환
사전동의 없는 무단 전재 및 복제를 금합니다.